野戦砲兵

富士
ふもとより
正ぞろひに
陸奥の
岩木の山も雪の
あけぼの

第八師団司令部

歩兵第三十一聯隊

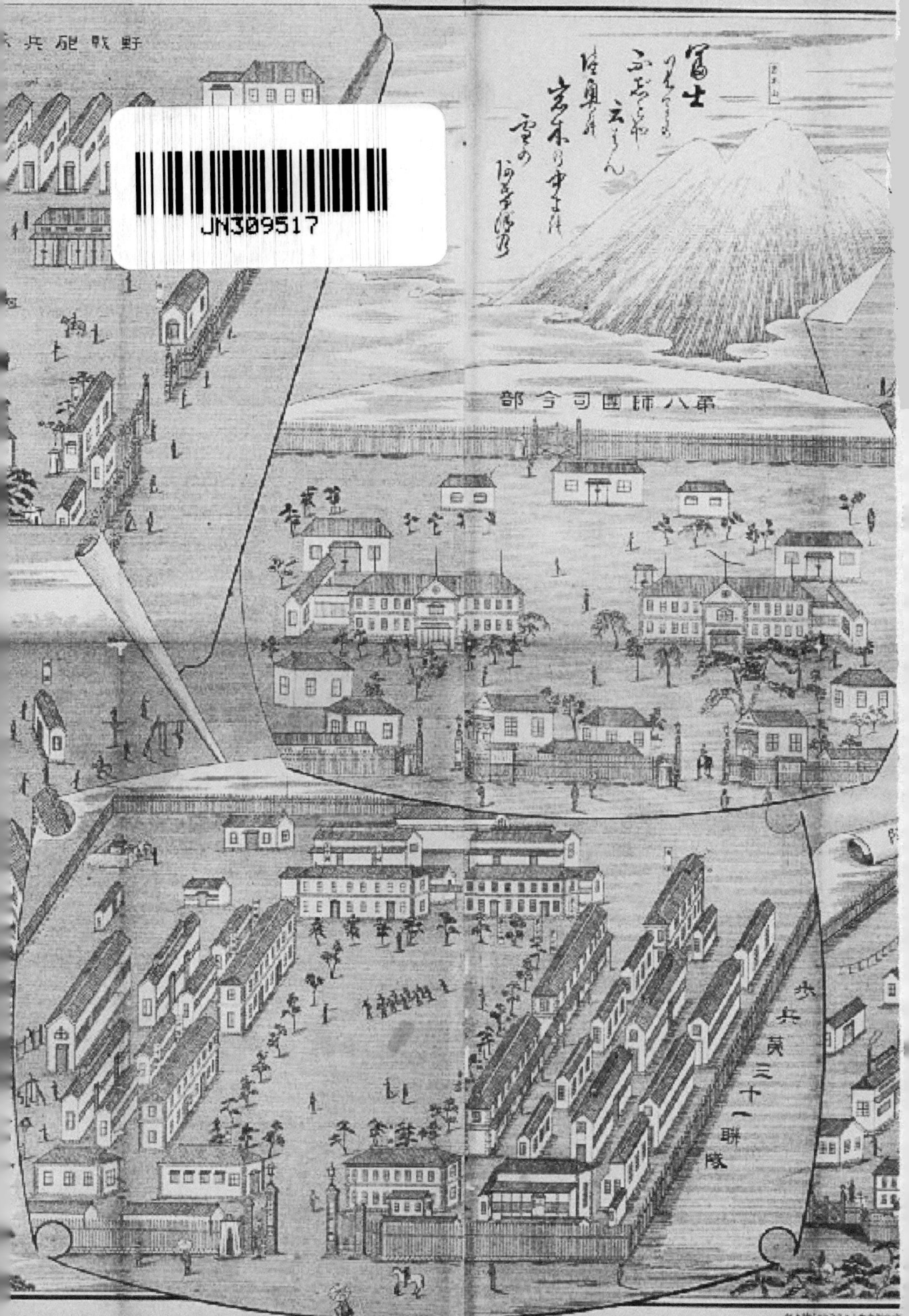

監修者――五味文彦／佐藤信／高埜利彦／宮地正人／吉田伸之

［カバー表写真］
姫路市街と軍用地
（「観光の姫路とその付近」部分，
1931年ごろ，吉田初三郎画）

［カバー裏写真］
旧第十五師団司令部
（現，愛知大学記念館）

［扉写真］
弘前第八師団絵図
（部分，1904年）

日本史リブレット 95

軍用地と都市・民衆

Arakawa Shoji
荒川章二

目次

軍用地とは

この本がテーマとする軍用地とは、戦前日本の陸海軍が独占的な管轄権をもって使用していた国有地をさす。具体的には、兵営《へいえい》、練兵場《れんぺいじょう》▲、演習場、作業場、飛行場、爆撃場、要塞《ようさい》・砲台《ほうだい》、衛戍《えいじゅ》病院▲、軍人墓地、軍馬《ぐんば》育成所▲、官営の軍需《ぐんじゅ》工場、軍需物資保管倉庫などの軍事施設が設置されていた土地である。

その場合の軍用地は、(1)国有地を、内務《ないむ》省や農商務《のうしょうむ》省、植民地《しょくみんち》では総督《そうとく》府《ふ》など、他の省庁・官庁から管理替えした場合、(2)民有地の土地所有者から陸海軍が買収し国有地とする、二つのケースで形成されることになる。その他、宮内《くない》省が管理する御料地《ごりょうち》(御料林)の一部を期限付きで借用したり、民有地に借用料を支払いつつ使用する場合があり、これもその借用地がほぼ恒常的に軍

▼練兵場　兵営所在地に併設された兵の基本訓練(平時訓練)施設。徴兵《ちょうへい》された兵士は、まず練兵場で共同動作・銃の操法など基本的な教練を受けたのち、射撃場・演習場・作業場などでの訓練、野外での演習・行軍訓練を受けた。

▼衛戍病院　衛戍とは陸軍軍隊の一地域への恒常的な駐屯状態をいい、その地を衛戍地と呼ぶ。通常、師団《しだん》(鎮台《ちんだい》)司令部《しれいぶ》所在地、連隊設置都市などがそれにあたる。師団司令部所在地には、その師団(鎮台)の軍医療機関である衛戍病院が設置された。衛戍病院は、戦時になると、赤十字《せきじゅうじ》社員によって組織された救護班と協力した「予備病院」(内地《ないち》での戦時病院)となった。

▼軍馬育成所　軍馬の育成は一八七四(明治七)年の陸軍省軍馬局の設置より始まるが、八六(同十九)年に同局が廃止され、かわっ

て八七(同二十)年、軍馬育成所条例が発布され、各地に軍馬育成所が設置されていった。軍馬育成所は、陸軍が二歳程度の幼駒を購入して、数年育成し、各部隊に補充する施設である。

事目的で利用される場合は軍用地に含まれる。軍用地に注目したとき、戦前日本の軍事化とは、国有地に占める軍事目的施設の比重変化の過程として、また民有地を買収・借用して用地を増殖する過程としてみえてくるのである。

　このような軍用地は、陸軍と海軍を比べれば、陸軍側が圧倒的な面積であったことはいうまでもない。海軍に関しては、本書では軍用地が急増する太平洋戦争期に関して若干のデータを掲載したが、考察の対象は陸軍とし、海軍を含めた全体像に関しては今後の課題としておきたい。

　軍事分野での私の研究は、『軍隊と地域』以来、軍隊という組織が「そこ」(ある地域)に設置され、その場で訓練や活動を展開することの意味を、「戦時《せんじ》」と戦時出動のない「平時《へいじ》」の両方の時期にあらわれるそれぞれの特徴に留意しつつ、軍隊と地域(地域民衆)の心理的な距離や相互に影響しあう関係に注目して考えてきた。軍隊を支える地域の構造(政治行政・経済・社会的)や支えている心性はどのように生まれ、どう定着していったのか、一方でその構造の亀裂や問題性がどうあらわれていたのか、ということである。本書での軍用地への関心も、軍隊の拡大過程を、都市から郡部・農村、さらに林野への空間的拡大として把握し、そこから、軍隊が地域に存在したことの意味を探ることにある。

従来の軍用地にかかわる研究は、一つの潮流としては、都市類型論的なアプローチとして、第二の潮流としては、私の仕事のような地域事例的な検討として行われてきた。前者の業績での代表的なものは、本康宏史『軍都の慰霊空間』、上山和夫編著『帝都と軍隊』、河西英通「地域の中の軍隊」などがあり、後者は、多くの自治体史のなかの軍事史部分が該当する。しかし、それらの研究は、私の研究も含めて、いずれも軍用地問題の一部の検討にとどまり、全国動向と、歴史的な変化のなかで個別地域事例が示す意義・特質を必ずしも明確に位置づけえていない。この点を考慮して軍用地問題をとおしてみえる〝「軍事と民衆」関係史〟的な歴史像を考えてみたい。

①―軍隊と軍用地の誕生

明治十年代の軍用地分布

一八七三(明治六)年に徴兵令《ちょうへいれい》▲が制定され、近代日本国家は本格的な徴兵制軍隊の建設に着手した。その出発時の陸軍用地はいかほどだったのだろうか。幸いなことに一八七六(明治九)年から八七(同二十)年まで『陸軍省年報』▲が刊行されており、そこに陸軍が所管する土地の動向に関する概説とデータがある。これの明治十年代の陸軍省用地の推移をまとめたものが表1である。明治十年代の前半はほとんど変化がなく、▲後半にはいり急速に拡大した。

一八八二年の壬午軍乱《じんごぐんらん》▲で朝鮮における親日《しんにち》派が排除され、八四年にその巻き返しを狙う甲申政変《こうしんせいへん》▲にも失敗し、朝鮮における清《しん》国の影響力が強まった。日本は、将来的なロシアの南下に備えるために朝鮮半島への進出政策を進めていたが、そこに清国が立ちはだかったのである。一八八三(明治十六)年十二月の徴兵令改正、▲翌八四(同十七)年以降の歩兵《ほへい》連隊の連年の増設▲は、清国へ対抗するための計画的な軍事力強化をあらわしており、その動向は、軍用地にも反映さ

●―表1　明治前期陸軍省所管地坪数

1877(明治10)	1,198万坪	3,953ha
78(　11)	1,244	4,105
79(　12)	1,299	4,286
81(　14)	1,257	4,148
84(　17)	1,827	6,029
85(　18)	1,986	6,553
86(　19)	2,740	9,042
87(　20)	2,834	9,352
88(　21)	4,135	13,645

『陸軍省年報』第2～12年報,『陸軍省統計年報』第1・2回より。

▼**徴兵令**　国民の兵役義務制度で、日本陸軍は、満二〇歳の男子(壮丁《そうてい》という)を徴集し、選抜(抽《ちゅう》籤《せん》による)された者は一定期間常備軍(当初陸軍では三年)での訓練を受けた。一九二七(昭和二)年、兵役法に改められ、四五(同二十)年、廃止された。

▼**『陸軍省年報』**　一八七五(明治八)年七月～七六年を第一年報として、八六年分まで一二冊刊行された統計を中心とする陸軍省の報告書。諸隊の総員、各鎮台景況

れた。

ところでこの軍用地面積であるが、明治十年代前半の約四〇〇〇ヘクタールは、現在の東京二三区でいえば、比較的広いクラスの大田《おおた》区や練馬《ねりま》区、江戸川《えどがわ》区などをやや下回るほどの面積である。これが陸軍の出発点でのおよその軍用地面積であった。そして明治十年代後半の数年で、これらの区を二つあわせたほどの面積に一挙に倍増したのである。対外的危機意識と対外侵攻用軍事力の拡大計画は、空間的にみれば軍用地の急拡大をもたらした。

東京都心集中と習志野・下志津演習場

国内の治安維持と国防を重視した初期の徴兵軍隊は、天皇の護衛を専務とする近衛兵《このえへい》のほか、東京・仙台・名古屋・大阪・広島・熊本に六つの鎮台《ちんだい》▲をおき、それに応じて六つの管轄区域(徴兵管区でもある)を設定した。表2は、この軍《ぐん》管区《かんく》▲ごとの土地面積がわかる年のデータであるが、明治十年代の前半では東京鎮台に対応する第一軍管区に四五%前後が集中し、十年代後半でも三三%に達している。第一軍管区は、東京府▲のほか、東は茨城、北は栃木・新潟、西は長

報告、徴兵事務、軍法、管轄土地と家屋、患者統計などを含んでいる。

▼**ほとんど変化がなく**　この時期には陸軍用地としての受領と並行して不要地の返還も行われているので、一八八一(明治十四)年には減少という状況も起こっている。

▼**壬午軍乱**　漢城(ソウル)で起こった兵士と下層市民の反日・反政府反乱。

▼**甲申政変**　急進的開化派の金《キム》玉均《オクキュン》らによる自主独立・内政改革をめざしたクーデタ。

▼**徴兵令改正**　当初の徴兵令は、国民皆兵《こくみんかいへい》といいつつも、戸主《こしゅ》やその後継者への兵役《へいえき》免除などさまざまな免役特権を含んでいたが、この年の改正でこれらの免責条項のほとんどが廃止され、合法的な徴兵逃れはほとんど不可能になった。

▼**歩兵連隊の連年の増設**　陸軍の基幹的軍事力である歩兵連隊は、

野・山梨・静岡まで含む広い地域であったが（一八七三〈明治六〉年軍管区表）、一八七七（明治十）年六月の施設・所轄地の分布をみると、当時実際には使用されていなかった陸軍所管の小田原《おだわら》城・静岡城・山梨城・水戸《みと》城・高田《たかだ》城などを除けば、軍用地の大半は、東京府下と千葉県に集中していた。

さらに東京府下では、のちの千代田《ちよだ》区およびその周辺地域である第一〜第四大区に、軍関係の役所や近衛関係施設だけでなく、東京鎮台の兵営や練兵場まで含めて集中していた（図1）。第一軍管に配置された陸軍は、総じて皇居と皇族・華族《かぞく》、国家行政の中枢官庁を防衛する軍隊だったのである。一方、千葉の軍用地は、東京に近い北西部の下総《しもうさ》台地に集中し、一八七七年当時野営演習場として習志野原《ならしのはら》、砲兵《ほうへい》本省射的場《しゃてきじょう》として下志津原《しもしづはら》、練兵場《れんぺいじょう》として六方野原《ろっぽうのはら》の名がみえる。面積はそれぞれ、一五八万坪、三七万坪、六六万坪であった。合算すると、二六一万坪となる（およその位置は図2）。この年の第一軍管区の軍用地の四七％を、下総台地の演習場が占めたのである。

なぜこれほどの広い演習場を必要としたのか。それはこの地が、近衛と東京鎮台を含む関東の陸軍の総合的な演習場であったからである。一八七六（明治

一八八三（明治十六）年までは近衛を含め一六個であったが、八六（同十九）年までには二八個連隊に増設された。

▼**鎮台**　担当地域を防備する陸軍の軍団。近衛が天皇の親衛軍《しんえいぐん》であるのに対し、鎮台兵は中央政府の軍隊と位置づけられる。一八七一（明治四）年、東京・大阪・鎮西（熊本）・東北（仙台）の四鎮台がおかれ、徴兵令制定とともに、六鎮台となり、その下に計一四の営所（歩兵連隊および騎兵・砲兵・工兵部隊を設置）がおかれた。

▼**軍管区（軍管）**　陸軍の鎮台に対応する管轄区域。師団制にともない師管と変更。なお、鎮台制のもとでの師管は師団制のもとでの旅管《りょかん》にあたる。

▼**東京府**　東京都制の実施は一九四三（昭和十八）年、それ以前は東京府。行政区域としての東京府の発足は、一八七一（明治四）年。

●——表2　明治前期陸軍所管地坪数軍管区別

年　次	第1（東京）	第2（仙台）	第3（名古屋）	第4（大阪）	第5（広島）	第6（熊本）	第7（北海道）
1877（明治10）	555万坪	117万坪	122万坪	188万坪	100万坪	115万坪	
78（　11）	564	131	135	192	103	117	
79（　12）	559	163	161	192	102	120	
86（　19）	895	542	161	380	147	143	469万坪
87（　20）	919	546	161	378	184	165	478
88（　21）	1,720	833	167	591	175	167	478

『陸軍省年報』第3・4・12年報,『陸軍省統計年報』第1・2回より。

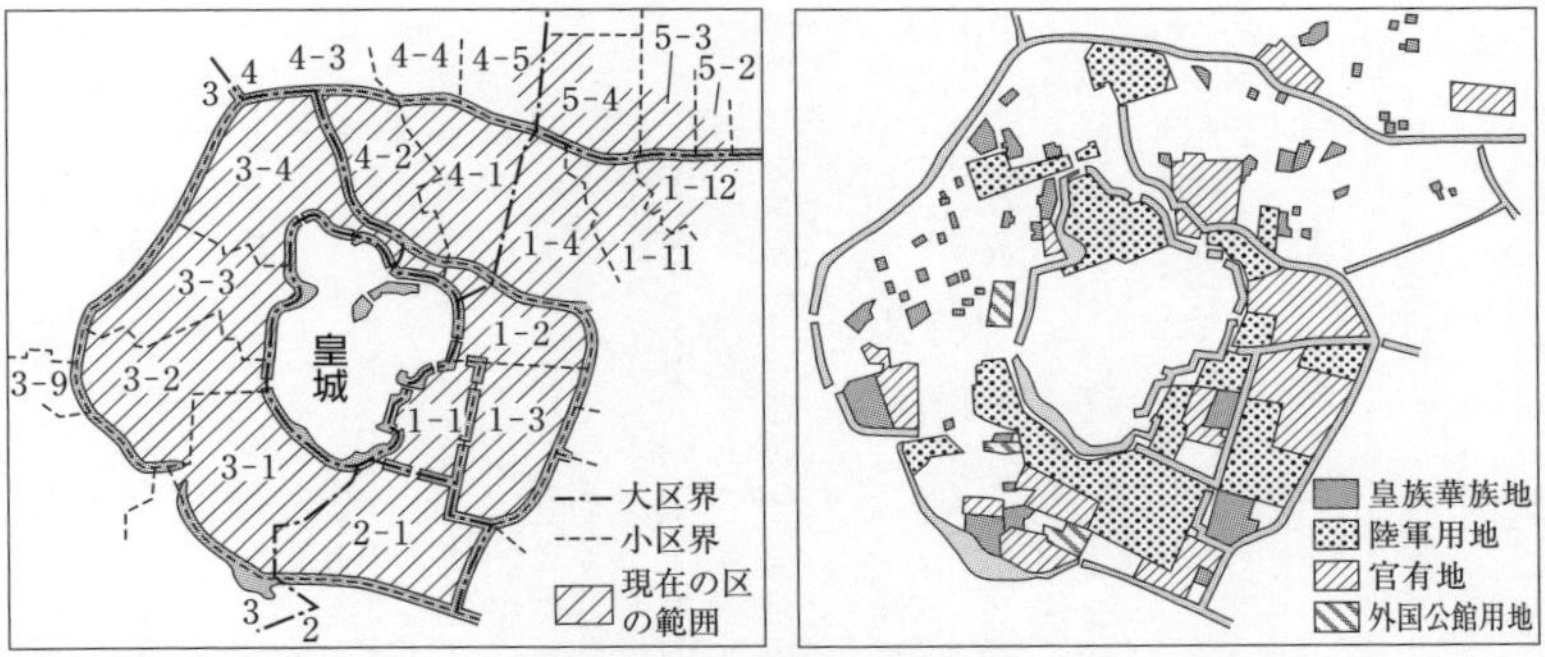

●——図1　千代田区を中心とする大区・小区界と陸軍用地の分布（『千代田区史』中巻より）

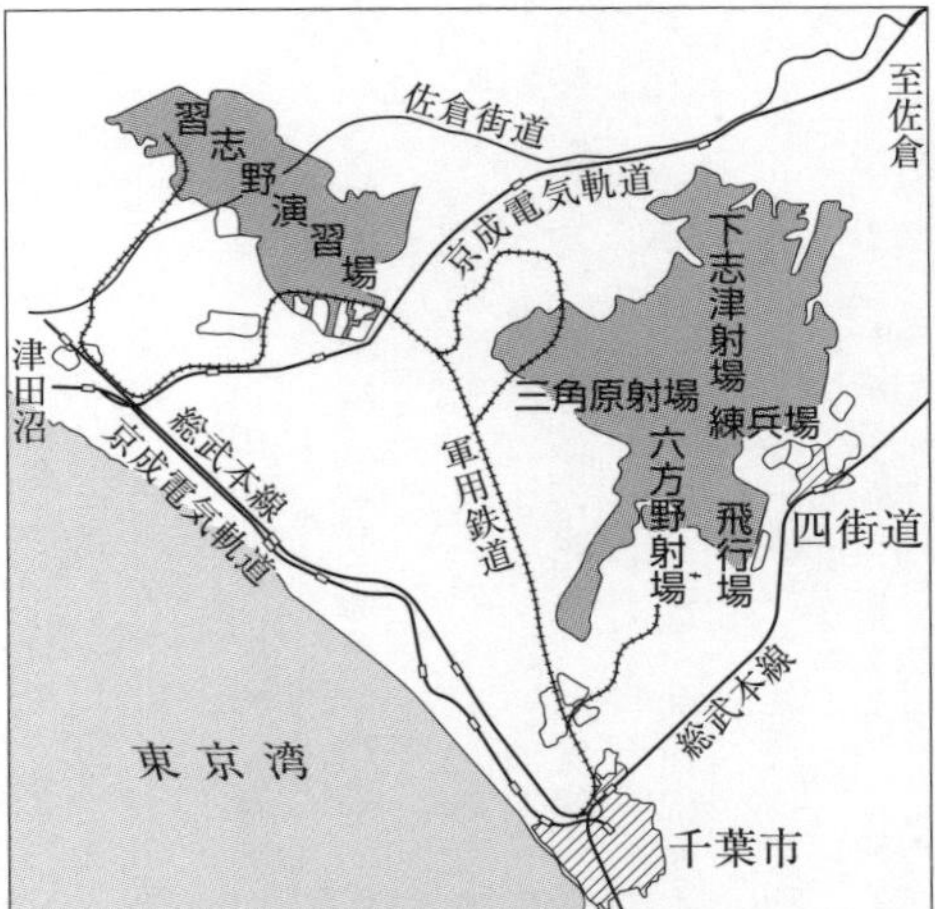

●——図2　下総台地の軍事施設（『千葉県の歴史』通史編近現代2より）

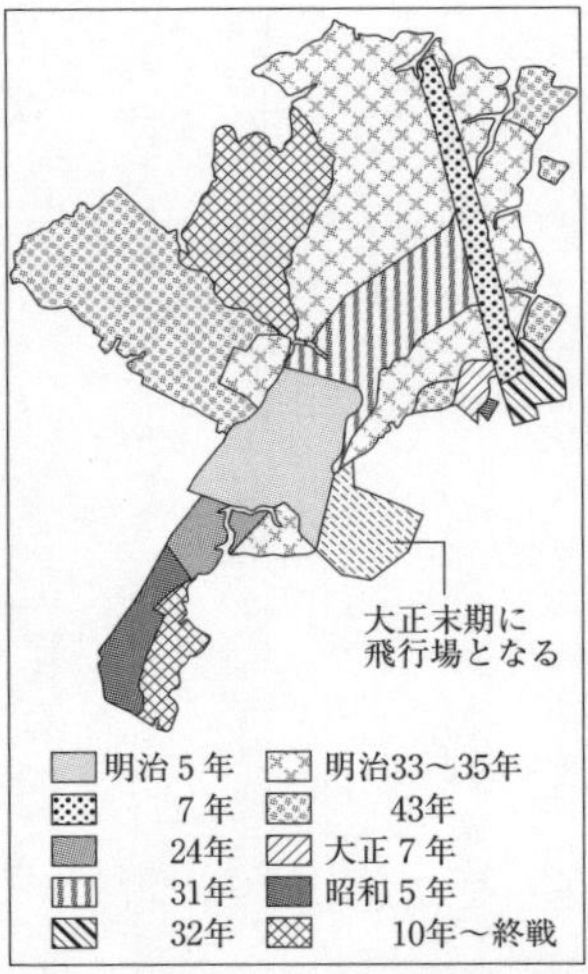

●——図3　下志津演習場拡大図（国立歴史民俗博物館『佐倉連隊にみる戦争の時代』より）

▼士官学校　陸軍省が管轄した陸軍の将校《しょうこう》養成学校。歩兵・騎兵の修業年限は三年。卒業者は、陸軍将校の中核をなした。

▼教導団　陸軍下士《かし》(将校と兵のあいだに位置する武官《ぶかん》)の養成機関。各隊兵卒《へいそつ》のうちの優秀者などに試験を受けさせ、一二〜一五カ月程度の修業をさせた。一九〇八(明治四十一)年に廃止されたが、二七(昭和二)年に陸軍教導学校として復活した。

▼地域の軍事化　都市の軍事化を「軍都」化というのに対し、下総台地の場合のような地域の軍事化は「軍郷《ぐんごう》」化といわれる。

▼入会　近世に成立した、一定地域の住民が特定の山林原野・魚場などを共同利用し、草・秣・薪《まき》など生産・生活資材を採取し、収益した慣行。

九)年『陸軍省第一年報』によれば、近衛部隊、士官《しかん》学校▲生徒、教導団《きょうどうだん》▲の諸部隊、宇都宮《うつのみや》営所や高崎《たかさき》営所を含む東京鎮台の諸部隊がほとんど四〜五週間の長期にわたる演習を行っている。他の鎮台では、陸軍用地としての演習場が確保できず、一〇日前後の短期演習しかできない時期に、皇居と首都防衛の任にあたる東京の陸軍諸部隊は、めぐまれた演習環境をあたえられていたのである。

そして、全国でもっとも早く展開した下総地域の軍事化▲は民衆生活に大きな影響、あるいは土地取上げ・入会《いりあい》▲制限にともなう生活難、演習にともなう危険をもたらしたと思われる。東京都心が幕府《ばくふ》や大名家《だいみょうけ》の土地建物を利用することで軍事化したのに対し、下総台地の習志野演習場の場合は、江戸幕府の放牧地を引き継いだ官有地や民有地からなり、買収された民有地は、一五八万坪のうち八〇万坪、ほぼ半分におよんだからである。また六方野原は近世の入会秣場《まぐさば》であったが、買上げ時期には官有地と民有地(農民所有地)がいりくんでいたようである。

明治前半期の演習場に起因する民衆生活への直接的な影響は確認できないが、都心からは、後述のように近衛を除く部隊の移転(いわば非軍事化)が進展した

●──図4　習志野練兵場（一九三〇年ごろ）

のに対し、この地の軍事化は、図3のように際限なく続いた。その軍事化進展が民衆生活へあたえた影響は、つぎの一九〇八（明治四十一）年の千葉県印旛《いんば》郡志津《しづ》村（現佐倉《さくら》市）の砲弾危険予防の嘆願書からうかがい知ることができる。

本村上志津区は陸軍射撃場なる下志津原に接近し住民は農業一途に生計を営める土地に候処、明治三十二年に至り下志津原に接続せる民有地百八町四反歩を陸軍御用地に買上げられ、爾来《じらい》陸軍各種の部隊交互に来て射撃演習を施行せられ、殷々《いんいん》たる流丸頻《しきり》に此《この》地を襲ひ、或は田圃に転び林野に墜ち或は屋根を発《あば》き庭前を掘り、時としては黒烟濛々《もうもう》、時としては榴霰《りゅうさん》爆々人をして前後に瞠（撞）着せしめ、その危険なること名状すべからざれば、演習あるごとに一般区民は戦々兢々として日夜寝食を安んぜざる状態に御座候、又御用地買上以来同区字橋戸《はしど》、中根花《なかねばな》、小谷向《こやむかい》の如きは千葉郡犢橋《こてはし》村に接続せる飛地《とびち》となり射撃演習中は堅く通行を禁止せられ植附刈入の期節至るも手を束ねて徒《いたずら》に時期を失するを嘆ずるのみに御座候。（一部略）

この嘆願書には、さらに一九〇二（明治三十五）年から〇七（同四十）年までの六年間に起こった二一件のきわめて危険な流れ弾飛来事件が記され、その他山林・耕作地内の落弾事故は「枚挙《まいきょ》に遑《いとま》あらず」とそえられていた。

軍馬育成所の設置と軍用地の分散

一八八四(明治十七)年から始まった軍備拡張計画は、八八(同二十一)年の鎮台制の廃止、師団《しだん》制▲への再編に行き着く。師団は、鎮台当時のような担当地域の防衛を目的とする部隊編制ではなく、大陸での戦闘にも対応できる独自の戦略単位として移動しつつ戦闘を展開できる部隊であった。表1・2の一八八六〜八八年の欄は、その師団制転換準備期の軍用地の拡大動向を示している。

一八八六(明治十九)年の急増の主たる原因は、第一・二・七軍管区での増加である。このうち、第七軍管の増加は、一八八二(明治十五)年に北海道の屯田《とんでん》兵《へい》の所管が開拓使《かいたくし》▲から陸軍省へ移り、八五(同十八)年制定の屯田兵条例▲で屯田兵が陸軍兵の一部として位置づけられたことの反映である。第二軍管(および第四・六)での主たる増加理由は、陸軍の軍馬育成との関係であろう。『陸軍省第十一年報』(一八八五年)は、「今や軍備の拡張に従ひ軍馬の需要は益々夥多なるを以て」軍馬の育成に力をそそがねばならず、まず青森県上北《かみきた》郡三本木《さんぼんぎ》村(第

▼師団　歩兵二個連隊からなる旅団《りょだん》二個(師団全体では四個の歩兵連隊)を基幹として、騎兵大隊、野戦砲連隊、工兵大隊、輜重兵大隊を配した編制。平時はほぼ一万人、戦時には二万五〇〇〇人の規模となった。

▼開拓使　一八六九(明治二)年に設置された北海道開拓経営のための行政機関。一八八二(明治十五)年に廃止。こののち北海道は三県制となるが、一八八六(明治十九)年、北海道庁が設置された。

▼屯田兵条例　屯田兵とは一八七五(明治八)年以降北海道の防備と開拓を目的に配置された兵士。当初は士族《しぞく》の失業対策としての性格をもった。開拓使の廃止を受け、制度改正のため屯田兵条例が制定され、屯田兵の統轄組織はしだいに師団に準じたものに改編されていった。同条例は、第七師団設置後、一九〇四(明治三十七)年に廃止された。

●──図5　軍馬補充部三本木支部

二軍管、現十和田《とわだ》市）と鹿児島県谿山《たにやま》郡下福元《しもふくもと》村（第六軍管、現鹿児島市）に軍馬育成施設を設けた旨を記している。

ついで、一八八七（明治二十）年軍馬育成所条例が制定され、宮城県に鍛冶谷《かじや》沢《さわ》軍馬育成所（第二軍管）が、兵庫県青野ケ原《あおのがはら》に青野軍馬育成所（第四軍管）が開設された。軍馬は、偵察・機動戦の部隊としての騎兵に、あるいは砲兵や工兵《こうへい》の兵器輸送の補助として、また戦場での軍需品《ぐんじゅひん》を輸送する輜重《しちょう》部隊用として、とくに鉄道・道路輸送の未整備なこの時期にあって、かつ大陸での軍事作戦を想定すれば、軍事戦略上不可欠なものだったからである。開設時の三本木軍馬育成所は七〇六ヘクタール、青野軍馬育成所は七〇一ヘクタールとほぼ同じ広さであった。

すなわち軍用地面積からみたこの当時の軍拡の大きな特徴は、軍馬育成所の設置であった。そのことは、軍用地が、都市部や下総台地のような都市近郊の農村地帯から、広大な原野をもつ縁辺地域に広がったことを意味する。徴兵制を除けば軍隊とは縁の薄かった地域で、突然軍用地としての買収が行われ、原野・山林の囲込みが行われていったのである。山野への軍事化の波及であった。

▼都市計画　ここでの都市計画は、一八八八(明治二十一)年の東京市区改正条例によって本格化した首都東京の改造計画。丸の内のオフィス街、霞ケ関《かすみがせき》の官庁街が整備され、日比谷公園なども誕生した。

これらと異なり、第一軍管での軍用地増加は、東京市の中心部から、東京西部への軍事施設の移転、そして東京周辺各県における軍施設の充実によるものと思われる。東京の中枢を占めていた軍事施設の多くは、旧武家《ぶけ》屋敷を転用したものであり、それら施設に収容した軍事力で皇居と国家の中枢権力を警備していたわけだが、明治国家の制度確立期である明治二十年前後には、軍事的包囲網を必要とするほどの治安警備の意義は薄れ、旧大名屋敷の老朽化や、首都東京の本格建設のための都市計画▲の開始により、陸軍省は日比谷《ひびや》が原《はら》(丸の内《まるのうち》)一帯の軍用地の払下げを決定した(三菱に一三万坪払下げ)。そして、その費用をもって、近衛を除く既設部隊を、主として、当時の行動時間で皇居に一時間程度で到達できる麻布《あざぶ》・赤坂《あかさか》・青山《あおやま》・四ツ谷《よつや》方面に移転させ、新設部隊は、世田《せた》谷《がや》・目黒《めぐろ》方面に兵営《へいえい》を設置した。あわせて青山・代々木《よよぎ》などに広い練兵場を設ける。また、東京北部の王子《おうじ》・十条《じゅうじょう》・板橋《いたばし》方面に軍需工場群が展開した。

地方軍事拠点都市の形成

ここまで、一八八〇年代後半の軍用地拡大の主たる理由を軍馬育成所の設置

●――図6　歩兵第四連隊の営門（一九一七年。『歩兵第四連隊第十二中隊除隊記念写真帖』より）

と東京中枢部からの軍事施設の移転拡充に求めたが、当時は、一八八三（明治十六）年に一四個であった歩兵連隊（別に近衛の歩兵連隊が二個）が八六（同十九）年には二四個に増設されるという軍拡期であり、従来の大隊レベルの歩兵営が連隊を収容できる規模の兵営に拡張され、あわせて地方部隊ごとの練兵場・小銃射撃場・作業場など必要不可欠な訓練用施設が整備された。また東京鎮台（下志津）や大阪鎮台（信太山《しのだやま》）などにしかなかった大砲射撃場が、岐阜県各務《かがみ》への設置をはじめ全鎮台に設置された。したがって、この整備拡張に応じて鎮台・連隊設置都市における軍事化も進展し、軍都《ぐんと》の端緒的な形成が始まった。二つの事例で確認しよう。

第一は、東北の軍事拠点として鎮台が設置された仙台である。仙台には徴兵制施行以前の一八七一（明治四）年東北鎮台が設置され、兵員の仙台城駐屯が始まった。鎮台病院（のちの衛戍《えいじゅ》病院）も城内に設置された。徴兵制施行後の一八七四（明治七）年、改称された仙台鎮台にはじめて徴兵の兵員が入営し、仙台市内榴ケ岡《つつじがおか》の兵舎に収容、これらの兵員によって翌年歩兵第四連隊が編成された。ついで一八七八（明治十一）年に砲兵隊、八〇（同十三）年に輜重隊、八二（同

●——表3　仙台鎮台関係用地

①1873年当時に軍用地だった地域	陸軍本営	仙台青葉城	137,935坪
	火薬庫	荒巻村鷺ケ森	27,315
	火薬庫	松浦村浦田	14,645
	鎮台火薬庫	荒巻村山中	21,706
	火薬庫	根岸村砂押	39,170
	鎮台病院	仙台亀ケ丘	4,626
	埋葬地	仙台瑞鳳寺	233
②1873年10月に追加引渡しになった地域	陸軍本営	仙台本寺小路	4,779
	歩兵営	仙台榴ケ岡／南目村	29,199
	操練場	南目村	62,500
	駁兵営	南目村	10,924
	騎兵営	仙台小田原	12,600
	鎮台病院	仙台東三番丁	5,951

『仙台市史』特別編4より。

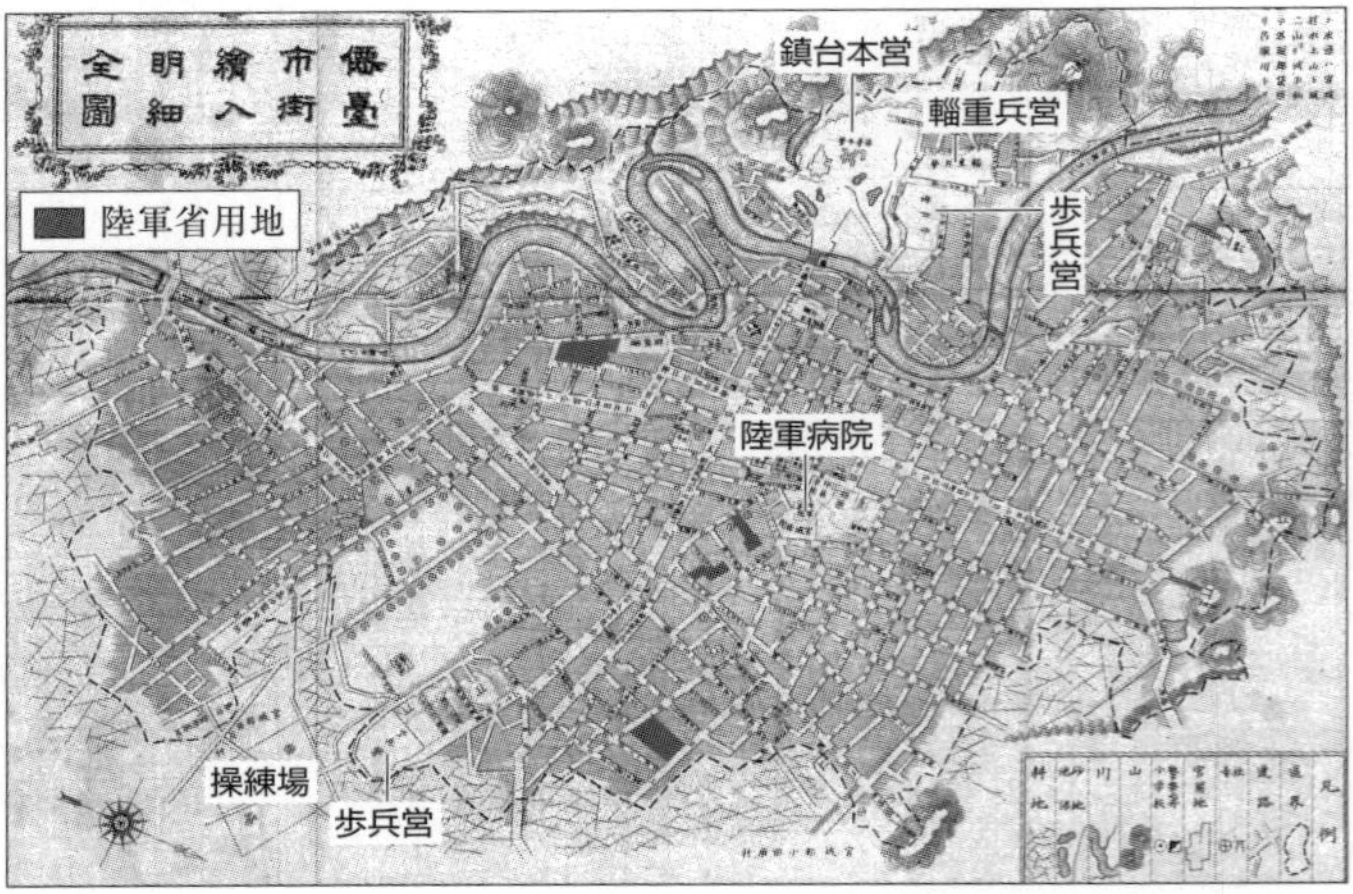

●——図7　仙台市街図（一八八四年）

●——図8　歩兵第四連隊全図（一八九七年）

●──図9　第二師団司令部（一九〇三年。「仙台兵営之全景」より）

十五）年に工兵隊がともに仙台城内に設置され、八九（同二十二）年には騎兵《きへい》隊も城内におかれた。その他、徴兵制施行早々に仙台近郊の南目《みなみのめ》村操練場（のちの宮城野原《みやぎのはら》練兵場）も陸軍用地として確保されていた。表3は、仙台鎮台設置当時の軍用地一覧であるが、①は徴兵制以前にすでに軍用地として確保されていたもの、②は施行直後に陸軍省用地として宮城県が陸軍に引き渡した土地である。後者の多くは家屋も立つ民有地で、畑などの買収と家屋の強制立退きで軍用地となった。これら軍用地総面積は、三七万坪（一二二ヘクタール）に達する。一八八四（明治十七）年当時の地図（図7）でみると軍用地は当時の仙台市西側と東側および市外地域に主として分布し、中央部に陸軍病院（衛戍病院）がみえる。軍用地面積の高い比重が確認できよう。なお、図8は、一八九七（明治三十）年当時の歩兵第四連隊兵営および宮城野原操練場である。

第二は、徴兵制後鎮台がおかれた広島である。広島の場合も一八七一年、鎮《ちん》西《ぜい》鎮台の分営が広島城内におかれたことを嚆矢として鎮台病院が設置され、七三（明治六）年の徴兵制施行とともに広島城に広島鎮台が設置され、七五（同八）年、広島の大隊が改編されて歩兵第一一連隊、およびその練兵場（西練兵場）が編成、開設された。ついで一八七八年に砲兵隊、八一(明治十四)年に輜重隊、八三年に工兵隊がいずれも城内に設置され、八三年には賀茂《かも》郡原《はら》村に大砲射的場(二〇万坪余り)が設置された。さらに軍拡のなかで一八八四年歩兵第二一連隊第一大隊がこれも城内に設置され、八八(明治二十一)年には騎兵大隊が、九〇(同二十三)年には市外東北部の官有地・買収民有地二一万余坪に東練兵場を開設し、この練兵場の一部に騎兵連隊の兵営を設置した。

この軍用地化を地図で確認してみよう。一八七七(明治十)年の広島市街地を示す図10では、その城内に軍事施設が設置され始めた。図11はその一〇年後、一八八七(明治二十)年のものである。城内は鎮台本営を中心に、東に歩兵第一一連隊兵営、その北に歩兵第二一連隊兵営、その西に射的場、城の西側に上から火薬庫、病院、工兵兵営、輜重兵営、右手に砲兵兵営、城の南側に練兵場(西練兵場)、さらにその右手に憲兵隊《けんぺいたい》▲本部、偕行社《かいこうしゃ》▲と軍事施設に埋めつくされた。さらに、城から北の方角に新設予定の白島《しろじま》の工兵営があり、城の東側の川を渡った大須賀《おおすが》村・尾長《おなが》村には騎兵営と東練兵場が広がった。また、城の南東方向にある段原《だんばら》村の比治山《ひじやま》には陸軍墓地と記されている。また、城から南西方

▼憲兵隊　憲兵とは軍人の犯罪捜査、軍紀《ぐんき》の監視などを行う軍事警察官であるが、民衆運動・民族運動抑圧や思想取締りにも関与した。憲兵を主体に組織された部隊を憲兵隊と呼び、一八八一(明治十四)年の憲兵条例により設置された。師団制のもとでは、師団司令部所在地に憲兵隊本部が設置された。

▼偕行社　当初は陸軍将校の修養・親睦団体で、ほぼ全将校が加入し、研究会や講演会を行うほか、機関雑誌として『偕行社記事』を刊行した。

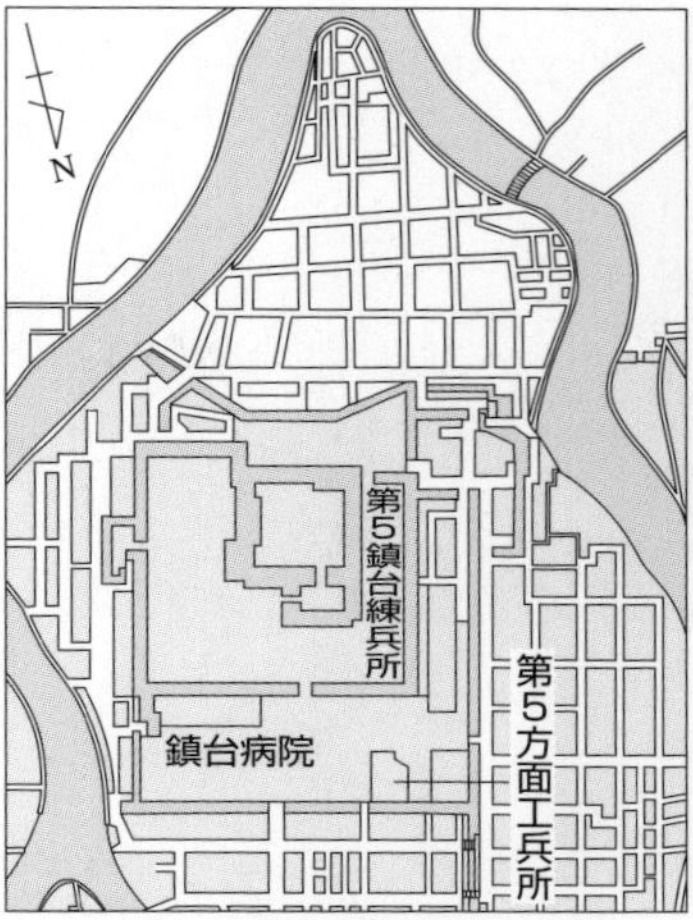

●——図10　1877年広島市街図

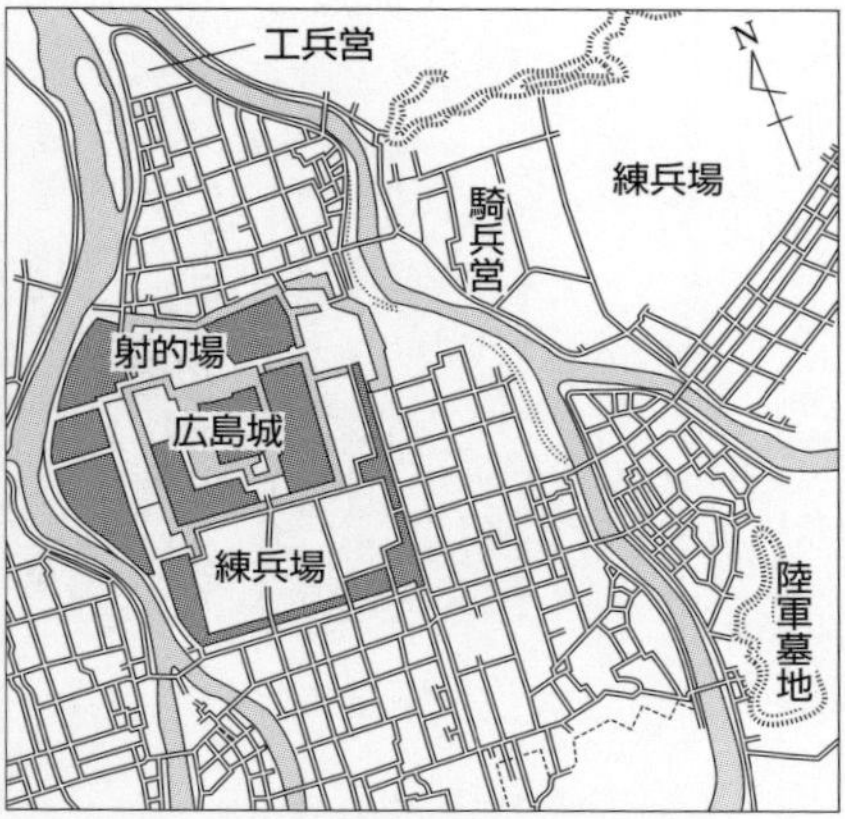

●——図11　1887年広島市街図（城周辺の塗りつぶした部分はすべて軍用施設）

●——図12　広島市内軍用地図（『新修 広島市史』第２巻 政治編より）

●―図13　広島騎兵第五連隊正門

▼**兵部省**　一八六九(明治二)年に設置された陸海軍をあわせた軍事管掌機関。一八七二(明治五)年に陸軍省・海軍省に分かれた。

向の江波《えば》村には一万余坪の射的場が設けられていた(図12)。

これらの軍用地面積は、近世の城のなかで最大級の広さを誇った広島城が四〇万坪、これに東練兵場・江波射的場・比治山付近の軍用地を加えると、六三万坪(二〇八ヘクタール)となる。白島工兵営の面積は不明であるが、広島とその近隣市街地には仙台をも上回る軍用地が展開していたのである。

以上は、鎮台設置の場合であるが、明治前期における都市の軍事化は、歩兵第七連隊が設置された金沢や歩兵第一四連隊がおかれた小倉《こくら》でも確認できる。

ところで、これらの事例からも城郭《じょうかく》が都市部の軍用地として重要な役割を果たしていることがわかる。近世末の城郭は、北は五稜郭《ごりょうかく》・松前《まつまえ》城から南は薩《さつ》摩《ま》の鹿児島城まで一九四を数えるという。それら諸城郭は一八七一年、いったんすべて兵部《ひょうぶ》省▲の管轄になったが、徴兵制後、陸軍は四三城に管轄を縮小、八六年当時は三七城となった。しかし、鎮台(師団)所在地の都市や初期の歩兵連隊設置都市において陸軍所管の城郭跡地は、近世に引き続き拠点的軍用地であり続けた。皇城《こうじょう》(皇居)となった江戸城を除けば、大阪城・名古屋城・熊本城・広島城・仙台城・姫路《ひめじ》城など近世の軍事・行政施設の拠点に近代軍事網の地方拠点が重なるように整備されていったのである。

軍用地としての買収と民衆生活

以上でみた軍用地の拡大は民衆生活にどのような影響をあたえたか、また、民有地の買収はどのように行われたのか、については、すでにみた下総台地の演習場や仙台での買収などからかいまみることができるにすぎないが、以下に小さな事例を二つあげておこう。いずれも時代をくだった文書中にあらわれた状況報告である。

第一は、大阪府の現堺《さかい》市付近の海岸に陸軍大砲試験場設置が計画され、陸軍は官有地一四万坪余りの受領を太政官《だじょうかん》に申し出、一八八三(明治十六)年六月八日付で大阪府知事は漁民の既得的使用権の承諾を条件に陸軍に照会、陸軍側がこの条件を承諾したことで所管替えが成立したというやりとりの経緯なのだが、その大阪府側の文書のなかに軍用地化にともない予想される漁民の生活困難について「泉州《せんしゅう》大鳥《おおとり》郡下石津《しもいしづ》村外《ほか》七ヶ村海浜地の義は何れも建物並に網干場等を設け漁業致来候に付拝借出願、同郡船尾《ふなお》村の如きは已《すで》に聴許《ちょうきょ》……其他は目下調査中に有之候処、御用地相成候得ば右等被差止候ては忽《たちま》ち細民《さいみん》生活の道を失い困難」（『陸軍省大日記　乙輯《おつしゅう》▲』大正九年）少なからず、と記されている。結局のところ、共有の網干作業場として利用してきた軍用地周辺の漁民に対しては、既得権を認めつつ計画地内住民の強制的な立退きが行われた。既得権への制約もきわめて大きかったはずであり、こうした形での生活困難は、入会的利用地の買収にともない各地で引き起こされていたものと思われる。

　第二は、個人所有地の買収にともなうトラブルである。『乙輯』（大正十一年）「陸軍省用地払下の件」という文書中に一九〇六（明治三十九）年九月一日付の「土地払下御願」がある。その文面に、土地献納の経緯が記されているのだが、そこには、陸軍はこの土地を砲台《ほうだい》建設用地として必要としていたこと、所有者は地価暴騰の時期でもあり、先祖伝来の資産を軍に売る意思はなかったが、買収交渉は執拗で一八八〇（明治十三）年から八三年まで数十回も行われ、結果、代替地との交換を条件に、付近隣接地の買収もみずから行ったうえでその地を証書も取り交わすことなく「献納《けんのう》」した。

　しかしその後、交換地の払下げは引き延ばされ、交換地は一八八四（明治十

▼**『陸軍省大日記　乙輯』**　「陸軍省大日記類」は、明治期から昭和期にかけて作成された、陸軍省発来翰の公文書類《こうぶんしょるい》を編冊した簿冊《ぼさつ》などの総称。

　本書が主として依拠した『乙輯』は、一九一一（明治四十四）年以降の普通文書類・往復文書で、儀式・賞罰、土地・建物、兵器、物品などの内容である。このうち、土地関係の文書を検索した。部分的に利用したものとしては、『甲輯』『壱大日記《いちだいにっき》』『密大日記』の三種である。『甲輯』は規則関係文書、『壱大日記』は、陸軍省が内閣・省院・府県・各種団体・会社関係とのあいだで発受信した文書類、『密大日記』は訓令《くんれい》・訓示《くんじ》・官制《かんせい》から諸情報まで多岐にわたる。

七)年には他人に払い下げられてしまった。このため、この所有者は、事業倒産の危機にひんし、一九〇六年にいたり、献納後二三年間、実際には使用されないままの旧所有地の払下げを求めた(その後訴訟になる)。国家や陸軍への信頼を利用した土地代金の踏倒しが行われたことになろう。嘆願書がだされ、裁判にまでなったがゆえに公文書に残ったのだが、憲法や諸法制の未整備の明治前半期において、こうした事例は稀有ではなかったと推測される。

②—日清戦後軍拡から日露戦後軍拡へ

日清戦後軍拡と軍用地

表4は日清《にっしん》戦争前後の軍用地の動向、表5は日露《にちろ》戦争を前後する動向を示す。

日清戦争前の軍用地拡大は、第二師管《しかん》と第七師管の拡大、ついで第四師管の拡大が主要因である。この時期の陸軍統計には、使用目的別の分類がないため、これら軍用地拡大の要因は確定できないが、第二師管の場合は、三本木《さんぼんぎ》軍馬《ぐんば》育成所支部の拡大などによるものと思われる。第七師管は北海道であるが、「胆《い》振《ぶり》及び日高《ひだか》」における一三〇〇万坪余りの軍用地が増加面積にあてはまるが、その使途はわからない（『陸軍省第十回統計年報▲』）。第四師管については、近江《おうみ》（滋賀県）と伯耆《ほうき》（鳥取県）で軍用地が増加している。近江の詳細は不明だが、後者は、青野《あおの》軍馬育成所大山《だいせん》支所設置（鳥取県八橋《やばせ》郡）の関係であろう。

日清戦後、一八九七（明治三十）年、翌九八（同三十一）年と軍用地は急増し、この二年間で倍増、さらに九九（同三十二）年にかけても増加傾向が続いている。最初の一八九七年の拡大は、やはり第二師管における軍馬補充用地の拡大、第

▼**『陸軍省統計年報』**　『陸軍省年報』に引き続いて刊行された陸軍統計。多様な報告を含んでいた年報に比べ、ほぼ数値情報に限定している。一八八七（明治二十）年分から一九三七（昭和十二）年分まで。ただし、一九〇三（明治三十六）年分が第十七回、〇六（同三十九）年が第十八回であり、日露戦争中の統計はこの陸軍統計には含まれていない。

●──表4　明治中期陸軍省所管地坪数

年　次	総面積	第1師管	第2師管	第3師管	第4師管	第5師管	第6師管	第7師管	台湾
	万坪　ha	万坪	万坪	万坪	万坪	万坪	万坪	万坪	万坪
1888(明治21)	4,135(13,645)	1,720	833	167	591	175	167	478	
89(　22)	4,675(15,427)	1,724	936	347	941	165	134	426	
90(　23)	5,580(18,414)	1,369	2,030	319	1,317	186	218	138	
91(　24)	6,078(20,057)	1,324	2,724	316	1,197	144	218	152	
92(　25)	6,521(21,519)	1,318	2,725	316	1,198	394	412	157	
93(　26)	8,047(26,555)	1,334	2,893	314	1,200	393	411	1,501	
94(　27)	8,161(26,931)	1,329	2,893	315	1,218	436	443	1,525	
95(　28)	8,320(27,456)	1,339	2,968	315	1,220	440	510	1,525	
96(　29)	8,776(28,960)	1,339	3,364	312	1,225	441	510	1,580	
97(　30)	11,938(39,395)	1,348	5,957	337	1,362	468	727	1,595	140

『陸軍省統計年報』第2～11回より。小数点以下切捨て。第1師管は近衛を含む。

●──表5　明治後期陸軍省所管地坪数

年　次	総面積	第1師管	第2師管	第3師管	第4師管	第5師管	第6師管	第7師管
	万坪　ha	万坪	万坪	万坪	万坪	万坪	万坪	万坪
1898(明治31)	17,232 (56,865)	3,202	4,243	180	578	390	1,006	1,602
99(　32)	20,281 (66,927)	3,680	4,033	189	728	475	1,033	1,823
1900(　33)	19,026 (62,785)	2,714	4,198	380	584	419	1,003	526
01(　34)	27,969 (92,297)	3,583	4,318	380	738	537	1,128	6,450
02(　35)	28,963 (95,577)	3,621	4,318	380	765	547	1,140	6,740
03(　36)	39,317(129,746)	1,167	7,837	407	746	560	1,021	17,186
06(　39)	48,728(160,802)	1,251	7,866	534	755	576	1,308	21,814

年　次	総面積	第8師管	第9師管	第10師管	第11師管	第12師管	台湾	韓国
	万坪　ha	万坪	万坪	万坪	万坪	万坪	万坪	万坪
1898(明治31)	17,232 (56,865)	4,276	170	1,372	55	45	104	
99(　32)	20,281 (66,927)	5,220	279	2,454	66	185	109	
1900(　33)	19,026 (62,785)	5,927	302	2,568	118	150	131	
01(　34)	27,969 (92,297)	7,276	305	2,580	266	264	139	0.07
02(　35)	28,963 (95,577)	7,776	310	2,565	268	331	195	0.07
03(　36)	39,317(129,746)	6,505	322	2,611	268	440	237	3
06(　39)	48,728(160,802)	9,591	326	2,612	272	1,247	569	1

『陸軍省統計年報』第12～18回より。1904～05年の統計は欠。1898年の第1師管の増加は栃木県の増加。牧場と思われる。1903年の第1師管の減は，栃木の2,139万坪が第2師管に移ったことによる。韓国の所管地は，小数点以下だが，とくに記載した。

六師管も福元《ふくもと》軍馬育成所知覧《ちらん》支所の設置によるものと考えられる。また、日清戦争により台湾が植民地《しょくみんち》となり、早くも一八九七年に一四〇万坪の軍用地が誕生した。この面積は、同年の陸軍軍用地総面積からみれば一・二%であるが、明治十年代前半の軍用地面積の一〇%を超える広さであり、明治二十年ごろの第三・五・六師管の軍用地面積とほぼ同じ水準である。植民地統治が不安定なため、派遣部隊を台湾各地に分散配置する必要から、合計すると広い陸軍軍用地が設置されたと思われる。軍用地獲得については、台湾基隆《キールン》の元土地所有者より、一八九五(明治二十八)年の台湾植民地化の際、一万七〇〇〇余坪を有し一族が家屋四五棟を建設して生活していた土地を陸軍に取り上げられた結果、「自分の一団百余名のもの居る処なく住むに家なき次第とて」(『陸軍大日記 乙輯《おつしゅう》』大正九年)離散、生活難から路頭に迷うことになり、一九二〇(大正九)年にいたり、元所有地の優先的な払下げを願いたいとの嘆願が行われている例が、取得方法の一端を示唆していよう。

一八九八年の増加は、明らかに日清戦後軍拡《ぐんかく》の影響である。陸軍は、一八九六(明治二十九)年に、日清戦争に際して臨時に第七師団に編成されていた屯田《とんでん》兵《へい》部隊を正式に第七師団に再編し、さらに五個の師団を増設する軍備拡張計画を決定した。師団数は、日清戦争前の七個師団(近衛《このえ》師団および第一～第六師団)から一三個師団への倍増であり、参謀《さんぼう》本部の軍拡計画によれば、平時《へいじ》の人員七万人から一五万人、戦時《せんじ》動員数では二一万人から五四万人への大軍拡であった。この軍拡計画が完了したのが一八九八年であった。

日清戦後軍拡の結果を軍用地の使用目的別にみたものが表6である。第一師管の数字は近衛、中央官衙《かんが》・学校などを含むので官衙と兵営《へいえい》面積はとくに大きく、練兵場《れんぺいじょう》面積の特別な規模は、相変わらず下総《しもうさ》台地に広がる練兵場が全国的にも比類なき面積を誇ることを物語っている。この第一師管を除くと、兵営および練兵場面積は、どの師管もさほどの差異がない。兵営と練兵場に関しては、設置基準の保障が最大限追求されたためだろう。しかし、射撃場の差異は大きく、十分な砲兵《ほうへい》射撃場を有する師団と有しない師団の差が反映されている。このうち第七師団は移転・用地買収の途上にあるので考慮の外におくと、総じて新設師団の射撃場面積が小さかった。埋葬場とは、陸軍墓地▲面積である。台湾を含め約七五ヘクタールが、陸軍兵士の専用墓地だったのである。また、当

▼**陸軍墓地**　法令上は陸軍埋葬地。陸軍では、現役の兵卒《へいそつ》・下士《かし》が死亡した場合、陸軍埋葬地に埋葬する規則とし、日清戦争以後は「戦時戦地において死去」した場合も同様とした。なお海軍も鎮守府《ちんじゅふ》所在地に埋葬地を有した。

時独立国家であった韓国▲にも、すでに日露戦争前から陸軍の所管する土地があった。

この表が示すもう一つの事柄は、牧場(軍馬補充地)面積の占める割合の大きさである。陸軍用地の七六%が牧場であった。しかし、実は陸軍軍馬補充部▲が管理していた牧場面積はさらに広い。『陸軍省統計年報』は第十三回と第十四回の二回だけ、馬政統計を掲載している。表7はそれをまとめたものだが、ちょうど表6と同じ一九〇〇(明治三十三)年の比較ができる。表7からは、この二カ年だけでも軍馬補充部用地が急速に拡大しており、とくに北海道に一挙に広大な牧場が設置され始めたことがわかる。しかし、表6にはこの北海道の牧場面積は計上されていない。さらに、北海道の面積を除いて一九〇〇年の牧場面積を比較すると、表6における牧場面積の四万七八一三ヘクタールに対し、五万二一〇五町歩(町歩=ヘクタール。なお、三本木支部の北海道分二七二町は、第八師団管理地とする)であり、実態は表6をやや上回っていた。また表6は御料《ごりょう》地《ち》▲を借用している陸軍管理の牧場地の面積も対象外であり、これらを総計した一九〇〇年の軍馬補充部管理地総坪数は表6の牧場面積の一・五倍となる二万

▼**韓国**　正式には大韓帝国。日清戦争後の一八九七年、清国を宗《そう》主国《しゅこく》とする関係が解消されたため、国王は皇帝に即位し、国号も大韓と改めた(〜一九一〇年)。

▼**陸軍軍馬補充部**　一八九三(明治二十六)年に軍馬育成所官制は廃止になり、九六(同二十九)年に軍馬補充部条例が公布された。以後、陸軍省、軍馬補充部本部、軍馬補充部支部、派出部・出張所という組織系統にそって軍馬育成業務が整備されていった。

▼**御料地**　皇室の所有地。宮殿《きゅうでん》や陵墓《りょうぼ》・牧場・農地も含まれるが主として林地であり、御料林《ごりょうりん》と呼ばれる。一八八五(明治十八)年に宮内省御料局が設置された時点で、御料林の実測七五万町歩、さらに北海道の御料林九五万町歩が追加された。

●——表6　使用目的別所管地面積(1900年)

	官衙	兵営	練兵場	射撃場	埋葬場	牧　場	その他	計
	万坪	万坪	万坪	万坪	万坪	万坪	万坪	万坪
第1師管	82	77	204	324	1.8	1,927	96	2,714
第2師管	19	22	33	217	0.4	3,850	53	4,198
第3師管	5	22	29	224	0.5		97	380
第4師管	9	22	29	33	1.6		487	584
第5師管	12	25	29	319	1.7		30	419
第6師管	8	26	26	206	0.9	703	32	1,003
第7師管	7	34	44	14	0.9		424	526
第8師管	26	32	26	11	0.8	5,795	34	5,927
第9師管	5	23	31	233	0.8		8	302
第10師管	9	25	23	268	2.8	2,212	26	2,568
第11師管	6	24	33	13	1.0		39	118
第12師管	6	23	32	38	1.4		48	150
台　湾	26	33	17	7	8.3		38	131
総計(坪)	225	395	561	1,912	23	14,489	1,417	19,026
(ha)	742	1,303	1,851	6,309	75	47,813	4,676	62,785

『陸軍省統計年報』第14回より。各欄の数は埋葬場を除き小数点以下切捨て，したがって各欄の合計と「計」には若干の誤差がある。

●——表7　軍馬補充部支部別牧場面積(1899・1900年)

支部名	県別・支部総面積	面積		御料地(拝借)		合計	
		1899年	1900年	1899年	1900年	1899年	1900年
釧　路	北海道		15,000町				15,000町
三本木	北海道	272町	272町			272町	272町
	青森	4,944町	5,685町	1,841町	1,841町	6,785町	7,526町
	岩手	2,950町	3,875町	450町	450町	3,400町	4,325町
	支部総面積	8,166町	9,833町	2,291町	2,291町	10,457町	12,124町
六　原	岩手	7,413町	7,441町	1,469町	1,469町	8,882町	8,910町
鍛冶谷沢	宮城	5,963町	5,411町			5,963町	5,411町
	山形	1,414町	1,329町			1,414町	1,329町
	秋田	907町	907町			907町	907町
	支部総面積	8,285町	7,649町			8,285町	7,649町
白　河	福島	11,050町	11,070町	280町	280町	11,330町	11,350町
	栃木	6,465町	6,424町	1,640町	1,640町	8,105町	8,064町
	支部総面積	17,515町	17,495町	1,921町	1,921町	19,436町	19,416町
大　山	兵庫	392町	392町			392町	392町
	岡山	2,181町	2,182町			2,181町	2,182町
	鳥取	4,661町	4,784町			4,661町	4,784町
	支部総面積	7,235町	7,358町			7,235町	7,358町
福　元	宮崎	1,020町	1,033町			1,020町	1,033町
	鹿児島	1,289町	1,293町			1,289町	1,293町
	支部総面積	2,309町	2,327町			2,309町	2,327町
総　計		50,925町	67,105町	5,681町	5,681町	56,606町	72,786町

『陸軍省統計年報』第13・14回より。数字の処理法は表6と同じ。

二〇五六坪に達した。この面積は、現在の東京都の面積のちょうど三分の一、東京二三区の面積の一・二五倍にあたる。これだけの山野が、陸軍軍馬補充部の管轄下におかれたのである。

目を都市部に転じよう。日清戦後軍拡で誕生した師団司令部《しれいぶ》の所在地は、旭《あさひ》川《かわ》(第七師団)・弘前《ひろさき》(第八)・金沢《かなざわ》(第九)・姫路《ひめじ》(第一〇)・善通寺《ぜんつうじ》(第一一)・小倉《こくら》(第一二)である。これらの地域をあらたな軍都《ぐんと》の形成という角度からみていく。軍都論は、本来地域政治行政・経済・社会の各側面にかかわる領域であるが、以下は都市のなかでの軍用地の拡大、分布に限定した議論である。

『善通寺市史』が紹介している日清戦後軍拡時の師団設置基準をみると、「なるべく市外において選定すること、なるべく各兵営を集団しうるべき広大な地を選ぶこと、なるべく官有地を利用すること、土地乾燥清潔・水質良好潤沢にして、なるべく運輸交通の利あり、給養に便なること、兵営地付近において小銃射撃諸演習に便あること、練兵場はなるべく広大なるを要す」とある。したがって、日清戦後の師団増設は、第一師団の郊外移転などの経験を踏まえ、これまでのように市の中心部に師団諸施設を配置せず、市の中心部から便のよい

●―図14　第九師団兵器庫（現石川県立歴史博物館）

▼**連隊・大隊**　連隊は一つの兵営を構える陸軍部隊の基礎的組織。大隊は、歩兵連隊などのように連隊のもとに二〜三個おかれる場合と、ここでの工兵大隊のように、連隊がおかれず、師団に直属する大隊があった。輜重兵大隊も直属大隊である。

郊外に広い用地を確保し、軍事諸施設を集中する方針であったと考えられる。このことがこの時期の軍都の形成のあり方に大きく影響しているのだが、この選定基準の具体的な現れは、地域ごとに種々の要因が交錯するため一様ではなく、軍用地と軍事施設の分布からみて、ほぼ二様のパターンを示していると思われる。

第一の類型は、都市中心部の旧城地およびその周辺の軍用地化に加え、近隣郊外地にあらたに広い軍用地が展開し、この二極をもって軍都が形成されていく場合である。金沢・姫路・小倉などがそのケースと考えられる。第九師団司令部が設置された金沢については、『金沢市史』が軍都化を多角的に検証している。同『市史』掲載の図15がこの時期の軍用地の拡大をよく示しているが、日清戦前までの金沢城跡の歩兵《ほへい》第七連隊《れんたい》兵営・出羽町《でわまち》練兵場・衛戍《えいじゅ》病院に加え、師団設置により、城内に師団司令部が開庁し、郊外の野村《のむら》に、新設の歩兵連隊▲・騎兵《きへい》連隊・野戦《やせん》砲兵連隊・工兵大隊《こうへいだいたい》▲・輜重《しちょう》兵大隊の兵営および練兵場が設置された。町の中心部を軍用地として確保しつつ、隣接する郊外地に広大な軍用地を確保し、各種部隊の兵営を集中させ、練兵場を設置しているわけである。

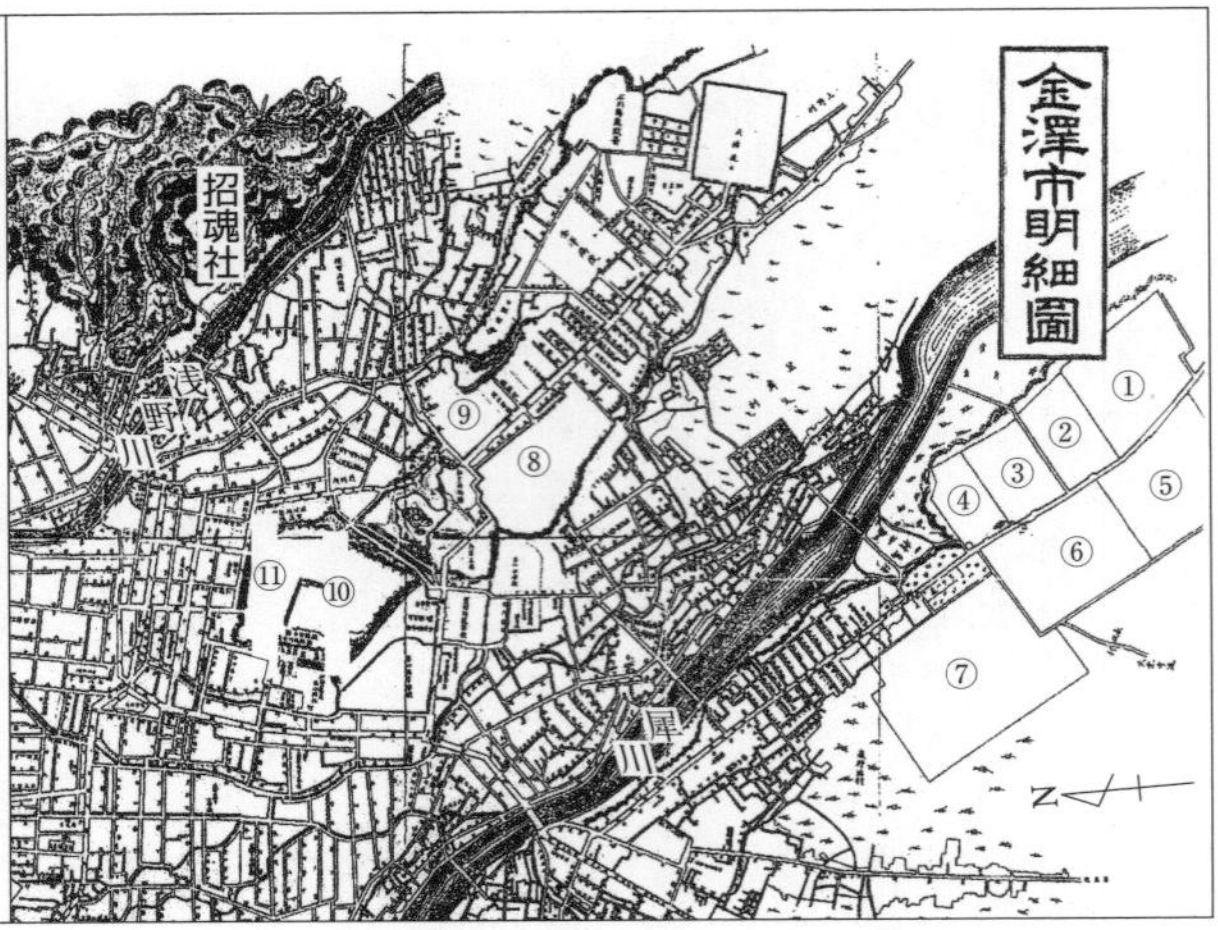

●―図15　金沢市軍事施設図（『金沢市史』通史編3近代より）

①野戦砲兵第9連隊兵営　②工兵第9大隊兵営　③輜重兵第9大隊兵営　④兵器支廠倉庫　⑤騎兵第9連隊兵営　⑥歩兵第35連隊兵営　⑦野村練兵場　⑧出羽町練兵場　⑨衛戍病院　⑩第9師団司令部　⑪歩兵第7連隊兵営

●―図16　姫路市街図（一九〇一年。『姫路市史』第12巻付図より）

●─図17　姫路城からみた兵舎
手前は歩兵第一〇連隊、中央は歩兵第三九連隊。

▼土地収用法　公益事業に必要な土地の収用・利用に関する法律。一八八九(明治二十二)年に制定し、一九〇〇(同三十三)年に改正。軍事上必要な土地についても適用された。

野村の軍用地面積は三〇万坪余りであり、師団用地確保のために、市有地の献《けん》納《のう》や用地確保の経費の一部の負担(六万円を市民が募金)が行われた。

第一〇師団は当初福知山《ふくちやま》への設置予定であったが、姫路の有志による献金など誘致運動が展開され、師団を引き込んだ。姫路では、図16のように、師団・旅団《りょだん》司令部などの関係施設や新設の歩兵第三九連隊の兵営などが、旧来からの歩兵第一〇連隊に加えて姫路城周辺に設置され、騎兵連隊・野戦砲兵連隊・輜重大隊および新練兵場は、郊外の城北《じょうほく》村に設置された。ただし、この時期の他の師団衛戍地と異なり工兵大隊がなく、工兵大隊は当初の師団予定地であった福知山に設置された。こうした事情に加え、城北村での土地買収は、買収価格をめぐって、土地収用法▲による強権的買収をちらつかせざるをえないほどの土地所有者の激しい抵抗にあった。最終的な買収用地面積は『市史』にも記されていないが、当初の買収予定面積でも四〇町であり、買収面積は、他の新設師団設置地の半分以下であった。しかし、それでも市の中心部から、郊外北側、西に射的場《しゃてきじょう》と陸軍墓地、南にも射的場と、軍用地が町を覆った。

小倉は、一八七六年、歩兵第一四連隊の編成(営所《えいしょ》は小倉城内)を完結し軍都

●──図18　小倉城内の旧軍用施設（戦後撮影されたもの）

形成に踏み出した。一八八七（明治二十）年以降、日清戦争に備え、隣接する門《も》司《じ》に砲台《ほうだい》が整備されて要塞《ようさい》砲兵隊が配備され、この地域の海岸線の軍事化が進み、さらに日清戦争により、門司港の軍事上・通商上における地位が下関《しものせき》ともども急浮上し、兵器修理所（のち、大阪砲兵工廠《こうしょう》門司兵器製造所）・弾薬庫・軍用倉庫が設置された。こうした動向を追い風に、一八九六年二月、小倉町は師団誘致運動を展開し、師団設置が決定した。師団の各部隊設置用にあらたな軍用地として、現小倉南《みなみ》区北方《きたがた》に約四〇万坪（一三二ヘクタール）の用地買収を行い、図19のように新設の歩兵連隊・騎兵連隊・野戦砲兵連隊・工兵大隊・輜重兵大隊の兵営建設および練兵場整備を進めた。小倉城およびその周辺（歩兵第一四連隊・西部都督部《ととくぶ》・師団司令部・旅団司令部など）・海岸の要塞地帯・軍港としての門司港に続いて、南部の北方地域が大規模に軍用地化していき（さらに軍需《ぐんじゅ》工場としての八幡《やはた》製鉄の稼働）、小倉を中心とした北九州市域が軍都化していったのである。そのなかで、一八九九年門司町が、翌一九〇〇年小倉町も市制を施行した。

　弘前は、この第一類型の変形ないし第二類型との中間形態と考えられる。弘

図19　小倉町北方の第一二師団部隊配備図（一八九九年。『北九州市史』近代・現代　行政社会より）

図20　弘前市地図（一九一五年。『新編弘前市史』通史編4近・現代1付図より）

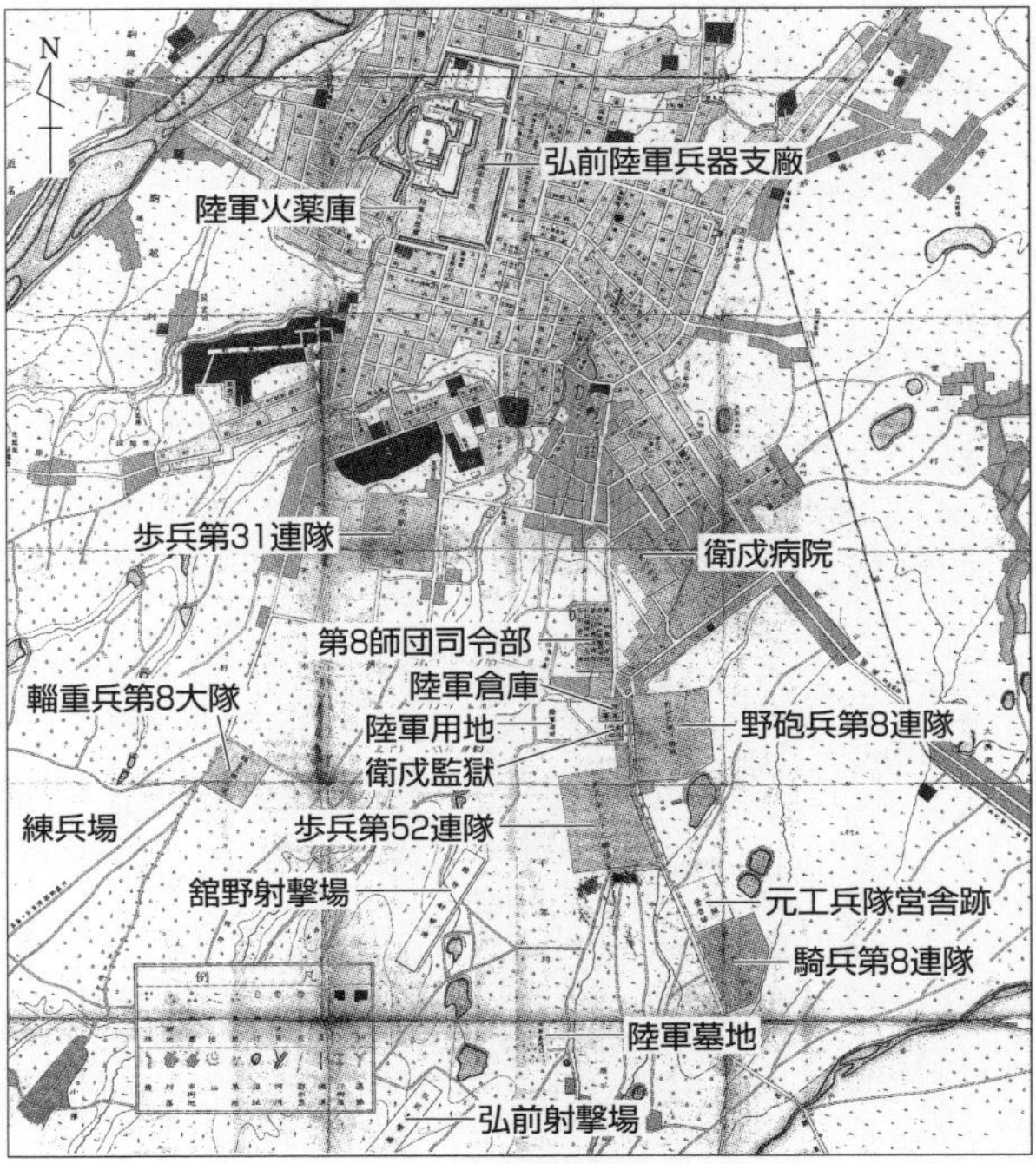

●——図21　野砲兵第八連隊の野外射撃演習

前の場合、旧城内に設置されていた大隊が一八七五(明治八)年に青森に移転(歩兵第五連隊)したため、他の城下町《じょうかまち》と異なり旧城地の軍事化が進まず、師団設置の際も、南部の郊外に師団司令部以下のほとんどの施設が集中した。弘前城は陸軍兵器支廠敷地として、一部(四万坪)が使われているだけである。したがって、市の中心部の軍事化はこの時期の他の師団設置都市に比べると弱く、他方で郊外には、図20のように、他都市以上に広い軍用地が集中的に展開した。兵営・軍衙《ぐんが》施設用の買収予定地は一三万八〇〇〇坪、清水《しみず》村小沢《こざわ》の演習地は五〇町、舘野《たての》の軍用地も五〇町であった。郊外の開発にともない、他の師団所在地以上に軍用地をめぐるトラブルがふえるのはこのためだろう。師団設置にあたっては、弘前でも軍用地がまたがる近郊の中津軽《なかつがる》郡とともに誘致運動が展開された。弘前市は畑地四万坪と道路敷地を献納(献納地買収のため寄付をつのる)し、中津軽郡からも二万坪が献納された。なお、図20は一九一五(大正四)年のもので、歩兵第五二連隊は日露戦後の設置であり、日清戦後の軍用地の敷地図にはない。弘前の場合、当初は歩兵連隊が一個であった。もと工兵隊営舎跡には工兵大隊があった。

▼**師団誘致運動**　通常、師団誘致運動は献納金や寄付金によって購入した土地の献納などの形で行われるが、善通寺の場合は練兵場・射的場の地均《なら》しなど労役《ろうえき》の提供が行われた。

●──図22　第一一師団司令部（一八九八年落成）

第二の類型は、旧来の軍用地をもたない地域に一挙に軍都が形成される場合であり、善通寺と旭川がそれにあたる。四国では丸亀《まるがめ》に歩兵第一二連隊がおかれており、さきの選定条件に適合すれば丸亀への師団設置となったのだろうが、選定基準を満たす新軍都の開発が必要となり、師団誘致運動▲をへて、善通寺村に決定した。師団設置用地は一一二町、師団・旅団司令部、新設の歩兵連隊・騎兵連隊・野戦砲兵連隊・工兵大隊・輜重兵大隊の兵営および練兵場（一四万坪）・射的場（三万五〇〇〇坪）など全施設を一カ所に集中設置した。第一類型とは異なるまったくあらたな軍都形成であり、図23のように師団を中心にすえ、道路などの都市基盤整備が行われた。一九〇一（明治三十四）年、善通寺村ほか二カ村が合併し善通寺町が成立した。なお、善通寺の歩兵連隊も一個である。

第七師団は野戦独立隊として一八九六年に札幌へ設置されるが、九八年の全道への徴兵《ちょうへい》制施行を契機に翌年、正規師団に改編され、同時に旭川への衛戍地移転が決定した。この時期の師団設置では例外的に地元の誘致運動がなく、陸軍省の実地調査の結果鷹栖《たかす》村近文《ちかぶみ》に内定（一九〇二〈明治三十五〉年旭川町に編入）した。師団用地は五四一万坪（うち土地所有者からの買収分一五六万坪）、同じ時

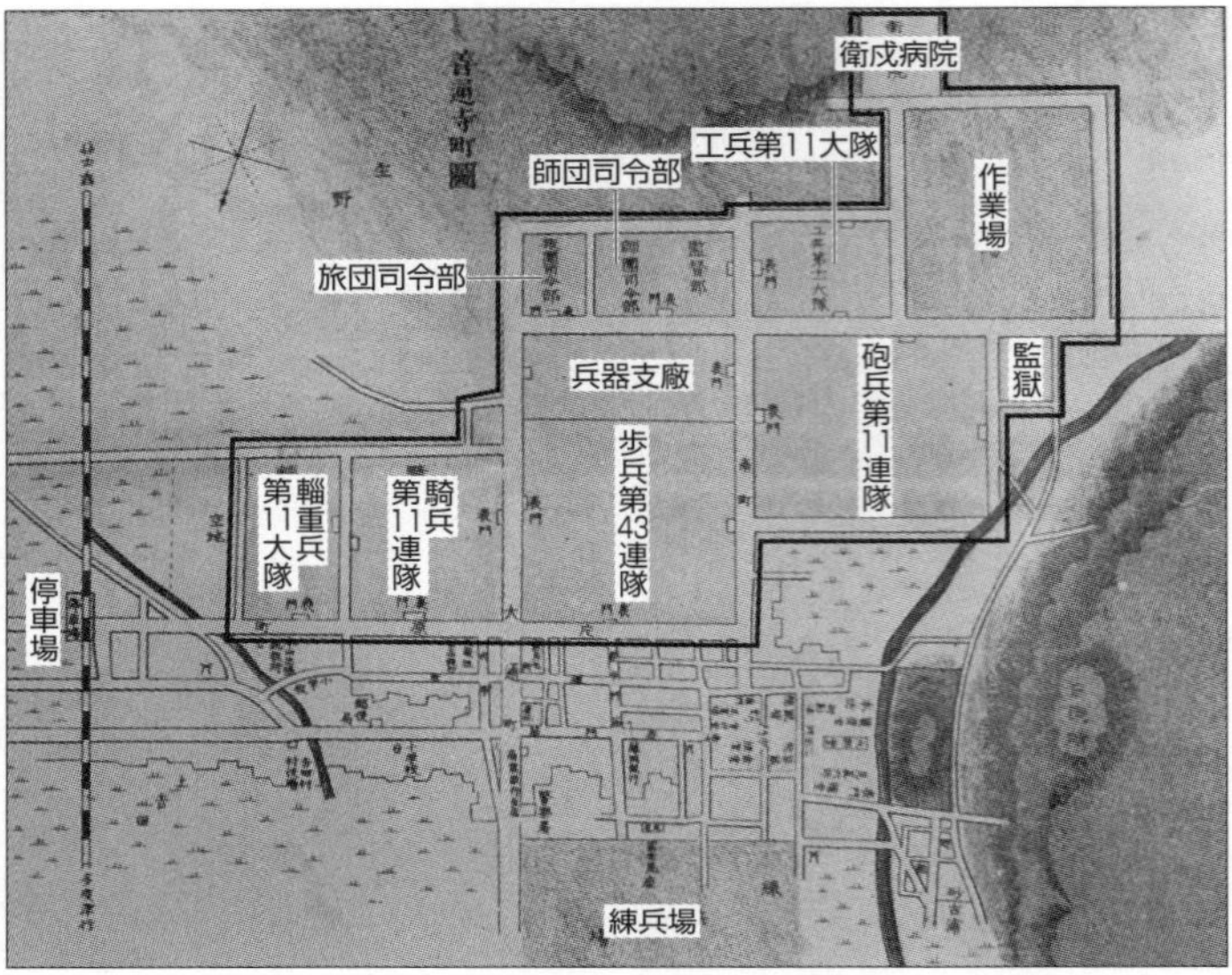

●——図23　善通寺町市街図（一九〇一年。『善通寺市史』第3巻より）

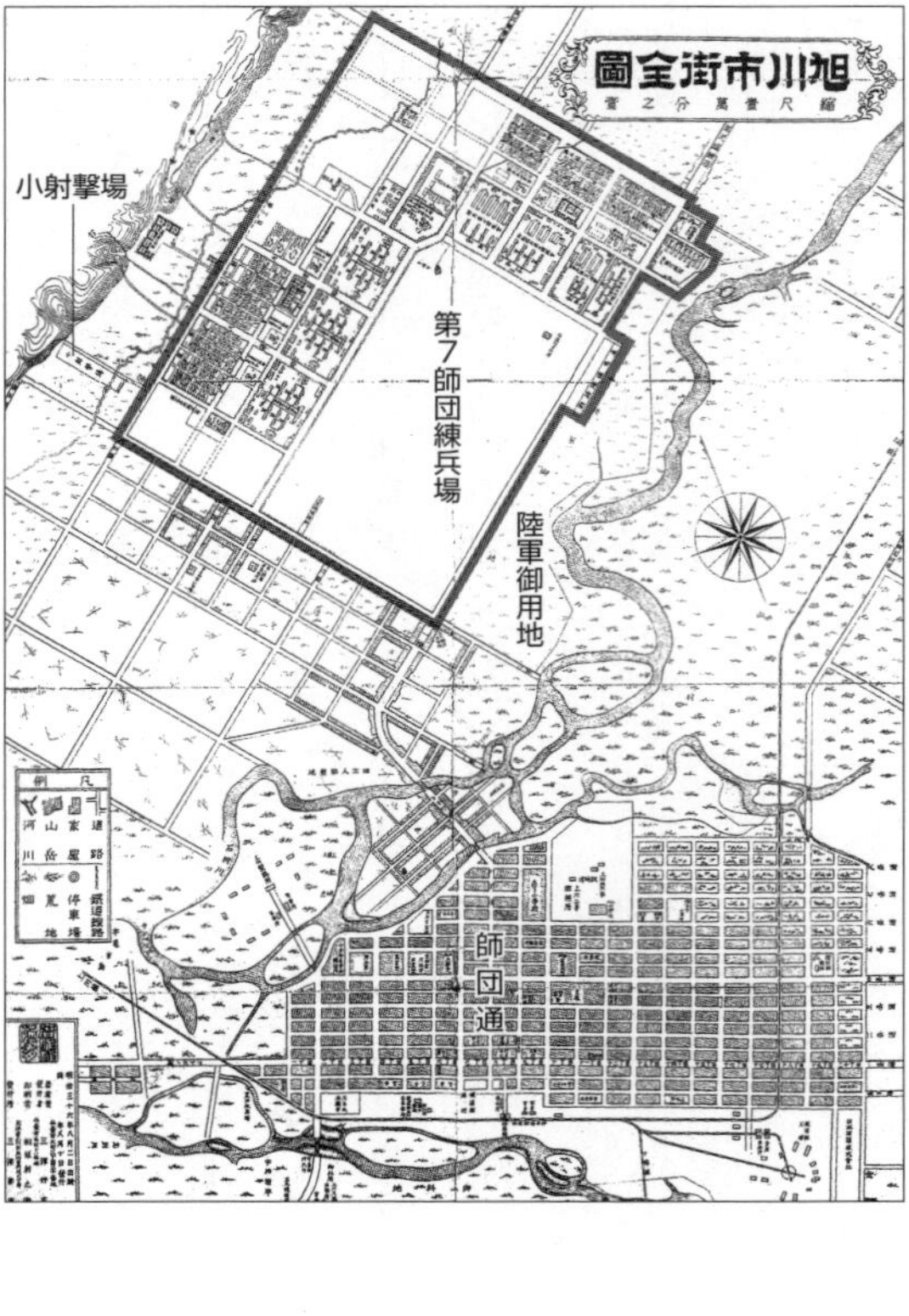

●——図24　旭川市街図（一九〇三年）　太線内は師団諸施設。

●──図25　近文陸軍省用地（「石狩《いしかり》国上川《かみかわ》郡近文原野区画図」より）

期に設置された他の師団用地の約五倍にもあたる。ここに、札幌を衛戍地とする歩兵第二五連隊と函館《はこだて》要塞砲兵大隊を除き、師団司令部以下の官衙《かんが》、歩兵二旅団・三連隊、騎兵・野戦砲兵各一連隊、工兵・輜重兵各一大隊を一つの衛戍地に集中配備するきわめてまれな部隊配備形態をしいた。

用地内訳は、図24の兵営官衙その他の敷地が五七万坪、練兵場六三万坪、射的場および山沿い空き地三五万坪、近文台地（野外演習場、図25）が三八三万坪である。市街地に対し、いかに広大な軍用地が確保されたかみてとれよう。旭川村は一九〇〇年に町《ちょう》制を施行した。図は、その三年後のものだが、七・八丁目のあいだの通りが師団通と名づけられるメインストリートとなり、一条通りと七・八丁目が直交する地点を核として町の中心部を形成した。買収の際の対応や破格に安い価格をめぐり地主の不満もでたが、その不満は反対行動として表面化することなく買収は完了した。

なお、旭川師団の周辺にはこののち、日露戦争と前後して巨大な大砲射撃・演習場が設置されていく。旭川東方の当麻《とうま》演習場は一九〇三（明治三十六）年に「当麻兵村《へいそん》▲公有財産及国有未開地中個人貸付地」あわせて一万八五九町歩が陸軍

▼兵村　屯田兵およびその家族の集落で、中隊規模の兵力が単位。中心には中隊本部がおかれ、練兵場など関連施設が設置された。

●──図26　師団道路と二条の交差点付近　　左上に走るのが師団道路。

用地に編入されて成立、旭川の南方の美瑛《びえい》演習場は〇七(同四十)年、献納地および国有未開地中個人貸付地の収用により成立した。当初の面積は一〇五五町であった。軍都のあらたな形成は、このように日露戦争を前後して、近隣地域のさらに広領域の軍用地化を引き起こしていったのである。

日露戦後軍拡と軍用地

日露戦時から戦後にかけてあらたに六個師団を新設した「日露戦後軍拡」を軍用地の変化からみた姿は、表8から確認できる。表5と続けてみると、統計が空白の戦時を挟んで軍用地の拡大が進み、一九〇九(明治四十二)年を頂点に急拡大している。戦時の増加は、数量的には第七・八師団の増加によるところが大きく、やはり軍馬補充部用地の拡大が要因と考えられる。そしてこれに加えて、第一二師団、台湾、ついで第六師団の増加が顕著にあらわれている。

戦後は日露戦後軍拡の影響であり、一九〇七(明治四十)年に六個の新設師団・連隊の設置場所が確定し、用地買収が行われたことを反映している。表8のうち、第一三〜一八が新設師団であり、旧師団用地の再編整理による一部縮

●――表8　明治末陸軍省所管地坪数

	1907年（明治40）	1908年（同41）	1909年（同42）	1910年（同43）	1911年（同44）	1912年（同45・大1）
	万坪	万坪	万坪	万坪	万坪	万坪
臨時陸軍建築部	259	890	1,006	1,419	39	
築城部本部	1,052	1,052	2,277	3,222	3,243	3,257＊1
東京砲兵工廠	75	69	76	76	76	76
大阪砲兵工廠	55	55	56	56	56	57
千住製絨所	3	3	2	3	3	3
馬政局				8,394	7,999	8,001＊2
近衛師団	54	67	79	100	136	136
第1師団	914	922	943	950	1,127	1,143
第2師団	7,890	8,459	8,732	10,883	7,978	8,045
第3師団	642	342	526	388	491	517
第4師団	557	607	626	233	315	312
第5師団	182	509	508	508	593	599
第6師団	1,306	1,723	2,325	2,198	2,207	2,210
第7師団	18,399	18,392	29,209	22,255	30,789	32,019
第8師団	9,250	10,570	17,964	18,218	10,289	10,296
第9師団	187	207	210	210	228	228
第10師団	2,565	472	472	472	1,461	1,460
第11師団	236	724	738	758	828	828
第12師団	974	976	977	992	1,109	1,174
第13師団		63	83	113	1,070	1,149
第14師団		14	63	85	2,288	2,288
第15師団		334	438	752	752	753
第16師団		47	58	525	560	566
第17師団	1,883	2,076	2,422	2,497	1,513	1,513
第18師団	19	30	33	83	233	243
韓国→朝鮮		182	246	246	281	841
台湾総督府	473	476	410	492	736	777
関東都督府		328	339	360	360	364
清国駐屯軍			13	18	18	27
総　計（万坪）	46,988	49,603	70,847	76,523	76,795	78,897
（ha）	155,060	163,689	233,795	252,525	253,423	260,360

『陸軍省統計年報』第19～24回より。小数点以下切捨て。総計も原資料の数字を同様に処理。

＊1　主要地域は，朝鮮1,192，関東州1,170，長崎167，和歌山123，台湾102。

＊2　主要地域は，北海道6,175，岩手840，青森768。

小をともないつつ、新設師団用地が急速に拡大した。同時にこの表からは、日露戦後、植民地に広がる軍用地の動向を確認できる。朝鮮半島には、日韓議定《にっかんぎてい》書《しょ》にともなう韓国駐劄《ちゅうさつ》軍用地が確保され、さらに併合後軍用地面積は急増した。関東都督府《かんとうととくふ》用地も日露戦争の「戦果《せんか》」として誕生した。一九〇〇(明治三十三)年の義和団出兵《ぎわだんしゅっぺい》後設置された清《しん》国駐屯軍(支那《しな》駐屯軍)も〇九年以降軍用地を獲得、拡大した。台湾の軍用地も、日露戦後さらに急増している。一九一二(大正元)年時点でのこれら植民地および海外軍用地の総計は二〇〇九万坪であり、内地《ないち》各師団でこれを超える軍用地を有する師団数はそう多くはない。これに、築城部《ちくじょうぶ》本部欄の内訳から朝鮮と関東州を加えると、この軍用地面積はさらに倍以上にはねあがる。日露戦後の植民地帝国の本格的な成立は、日本帝国の軍事支配の強さと戦後の大陸政策(および南方《なんぽう》政策)を反映して、帝国規模での軍用地拡大をともなったのである。

表9は、日露戦後軍拡の結果をみるために、所管別と使用目的別をクロスさせてみたものである。一九〇〇年当時の使用目的別面積を示した表6と比べると、日露戦後軍拡による部隊増設は、兵営面積や練兵場面積の拡大比率にほぼ

▼**日韓議定書**　一九〇四(明治三十七)年二月、日露戦争開戦に際し、中立声明を発した韓国政府に対し、日本軍の駐留と必要に応じた軍用地の収用を認めさせたもの。

▼**韓国駐劄軍**　日韓議定書に基づき、一九〇四(明治三十七)年三月、六個大隊半の韓国駐劄軍が設置された。駐劄とは本来一時的な駐留だが、戦中・戦後と抗日《こうにち》民族運動の鎮圧を行い、韓国併合後、朝鮮駐劄軍と改称した。

▼**関東都督府**　中国遼東《りょうとう》半島に獲得した日本の租借地《そしゃくち》である関東州《かんとうしゅう》と満鉄《まんてつ》付属地を管轄した軍事・行政機関。一九一九(大正八)年、都督府を廃して純然たる行政機関としての関東庁をおき、軍事面では関東軍をおいた。

▼**義和団出兵**　一九〇〇年に中国華北《かほく》で起こった秘密結社《けっしゃ》義和団を中心とする民衆的排外運動。鎮圧のためにロシア・イギリスなど八カ国の連合軍が出動したが、日本は二万を超える軍隊を派遣し、その中心兵力となった。

▼**南方政策**　台湾へのいち早くの飛行部隊設置は、フィリピンへの戦略計画と連動していた（『戦史叢書　陸軍航空の軍備と運用(1)』）。

正確に反映している。射撃場面積は縮小しているが、演習場面積とあわせれば増加は顕著であり、日露戦後、実戦的な射撃演習もできる演習場が急速に整備されていったことが確認できる。牧場面積は、一九〇〇年当時と比べ三倍もの面積の拡大であり（東京都の面積の八二％）、このころピークに達した。以後、大正後期の縮小期までほぼこの水準が続く。牧場面積の拡大は、第七師団（北海道）が圧倒的で、ついで第八師団（青森・岩手・秋田）が大きい。山野の軍事化は、内国植民地的な北海道、および北東北にしわよせされつつ進行した。

表10はこうして拡大整備された演習場の一覧で、一九一六（大正五）年に改訂された演習場規則の付録からとったものである。陸軍の演習場規則は、日露戦後の一九一〇（明治四十三）年にはじめて制定されており、そのことはこの時期の演習場の設置・拡大を反映している。しかし、このときの規則は、非常に不備で補足のためにつぎつぎと通達を発せねばならなかった。また、演習場の名称や所在も示されておらず、「この明示なかりし為、或は猥《みだ》りに演習場類似のものを設け、又は私に民有地を借用、若《もしく》は無断使用して演習場と称するか如きことありし」（『陸軍省大日記　甲輯』大正五年）状態であり、演習場使用に関する報

●──表 9　1913年 3 月陸軍省所管地所管別・使用目的別坪数

	官衙	兵営	練兵場	射撃場	演習場	牧　場	その他	計
	万坪	万坪	万坪	万坪	万坪	万坪	万坪	万坪
築城部本部							3,257.8	3,257.8
東京砲兵工廠				0.6			1.2	76.6
大阪砲兵工廠				17.2			0.5	57.3
千住製絨所								3.2
馬政局						8,023.9		8,023.9
近衛師団	0.8	69.7	16	1.9	24.1		13.8	137.5
第 1 師団	13.7	45	92.2	41.9	858.5		9.4	1,143.4
第 2 師団	17.1	29.6	28.7	11.9	878.3	4,297.4	3.2	5,318.2
第 3 師団	9.2	24.5	28.2	36.8	376.7		9.1	536.9
第 4 師団	8.5	23.3	30.9	11.8	198.9		14.2	312.9
第 5 師団	15.4	24.5	32.6	17.4	446.8		29.6	599.4
第 6 師団	3.5	24.2	25.3	10.8	533.3	1,452.5	17.6	2,075.2
第 7 師団	8.7	21.9	49.7	47.5	8,267.1	22,639.6	94.5	31,139.3
第 8 師団	8.6	34.3	112.4	37.8	38.4	10,031.9	17.7	10,297
第 9 師団	2.9	23.7	22.5	23.1	151.7		3.7	248.5
第10師団	2.9	28.8	23.8	15.4	254.2		130.1	470.5
第11師団	3.9	26.2	28.9	11.5	746.8		12.2	856.6
第12師団	14.1	29.5	39	15	1,013		29.2	1,162.8
第13師団	6.9	27.4	47.8	14.1	1,039.9		11.5	1,152.2
第14師団	5.8	34.7	22.7	11.8	68.2	4,874.7	1.2	5,028.9
第15師団	5.9	33.5	28.7	335.2	337.7		1.9	753
第16師団	5.8	27.4	33	12.9	473		0.7	566.7
第17師団	5.8	27.3	27.6	29.9	265.4	2,119.3	2.9	2,503.7
第18師団	6.3	29.6	24.5	13.7	158.8		1.7	244.6
朝鮮駐劄軍	4.6	166	10.8				488.6	674.4
台湾総督府	4.1	108.3	75.5	54.2	783.3		11.5	1,055.2
樺太守備隊							872.5	872.5
関東都督府	12.5	51.6	5.6	6.4		6.3	259.5	364.2
支那駐屯軍	13.7						0.1	13.8
総　　計	181.8	911.9	807.5	779.8	16,915.2	53,445.9	5,297.3	78,946.6

『陸軍省統計年報』第25回より。

備考：使用目的欄につき，学校・病院・工場・倉庫・作業場・埋葬地を省略した。計はこれらの面積を含んだ数字。その他欄は，原資料のまま。

●──表10　1916年陸軍演習場一覧

管轄師団長	演習場	所在
近衛	前橋	群馬県
第1	富士裾野	静岡県
	下志津	千葉県
	習志野	千葉県
第2	王城寺原	宮城県
	尾花沢	山形県
	翁島	福島県
第3	各務原	岐阜県
	坂本	岐阜県
	本地原	愛知県
	千種	三重県
	犬山	愛知県
第4	信太山	大阪府
	長田野	京都府
第5	三瓶原	島根県
	原村	広島県
	馬木	広島県
	秋吉台	山口県
	岩国	山口県
第6	大矢野原	熊本県
	広安	熊本県
	帯山	熊本県
	黒石原	熊本県
	霧島	鹿児島県・宮崎県
	天保山	鹿児島県
	八代	熊本県
第7	当麻	北海道
	美瑛	北海道
	近文台	北海道
	島松	北海道
	厚別	北海道
	下湯ノ川	北海道
	森林	北海道
	砂川	北海道
第8	山田野	青森県
	強首	秋田県
	花巻	岩手県
第9	立野原	富山県
	三里浜	福井県
	安原	石川県
	富山	富山県
第10	青野原	兵庫県
	谷村	鳥取県
第11	雲辺寺原	香川県
	道音寺山	香川県
	青野山	香川県
	板東	徳島県
	脇町	徳島県
第12	日出生台	大分県
	平尾台	福岡県
	上寺	福岡県
第13	関山	新潟県
	大日原	新潟県
	有明	長野県
第14	金丸原	栃木県
	相馬原	群馬県
第15	高師原	愛知県
	三方原	静岡県
	二俣	静岡県
第16	饗庭野	滋賀県
	長池	京都府
	敦賀	福井県
	宇治	京都府
第17	日本原	岡山県
	和気	岡山県
第18	高良台	福岡県
	千綿大野原	長崎県・佐賀県
	金立	佐賀県
朝鮮	山城山	朝鮮
台湾	大湖口	台湾
	嘉義	台湾
	淡水	台湾
	埤仔頭庄	台湾

「演習場規則改正の件」(『陸軍省大日記　甲輯』大正５年)より。

●—図27　青野ケ原演習場

告規定もなかった。大正初期まで、射撃を含む演習に関するかぎり、軍用地と非軍用地・民有地の境界は定かではなく、演習地近隣住民への演習事前通知、射撃開始の合図、危険予防の掲示や哨兵《しょうへい》配置が明確に定められたのもこの一九一六年であった。この不備が、後述する演習場をめぐるトラブルの一因である。

表9の演習場面積は、一九一六年においてもさほど変わらないので、表10とつきあわせてみると、第一師団の演習場の広さは、下総台地の演習場と富士《ふじ》裾《すそ》野《の》演習場という大演習場を管轄していることによる。第二師団は王城寺原《おうじょうじがはら》、第七師団は破格の演習場面積であるが、美瑛・当麻など旭川周辺の大演習地によるもの、第一二師団は日出生台《ひじうだい》、第一三師団は関山《せきやま》などの今日でも演習場(軍用地)として利用されているケースの多い演習場をかかえていることの影響だろう。第一〇師団の青野ケ原《あおのがはら》は軍馬補充部管理地から演習場に転換している。なお第八師団は山田野《やまだの》演習場の整備などで、一九一六年段階での演習場面積は四四六万坪に大拡張している。朝鮮の同年の演習場面積は、一八六九万坪である。表10でのこの年の演習場は山城山《サンソンサン》だけであるから、北海道なみの最大クラスの演習場だったことになろうか。台湾の演習場も、面積と数からみて、内地

の一般演習場に比して比較的大規模な演習場であったと考えられる。

日露戦後軍拡と軍都化の関係については二点ほど指摘しておきたい。第一に、日露戦後軍拡では六個師団が増設されているが、このうち旧城地を提供して師団を誘致した高田《たかだ》(第一三師団)を除くと、宇都宮《うつのみや》第一四師団は師団司令部以下を都市外縁部の国本《くにもと》村などに、豊橋《とよはし》第一五師団は同様に高師《たかし》村に、京都第一六師団は歩兵第三八連隊を設置していた深草《ふかくさ》村に、岡山第一七師団は郊外伊島《いしま》村津島《つしま》に、久留米《くるめ》第一八師団は国分《こくぶ》村に、それぞれ軍事施設を集中した。日清戦後の第一類型のうち、弘前のケースよりもさらに郊外化に徹底した形態になったのである。地方都市の誘致要望と、都市化の進展との矛盾を避け郊外に広い土地を確保する方針とを調和させる線を追求したためであろう。第二は、このときの部隊の再編整理で、日清戦後の陸軍部隊衛戍地約四〇カ所が、約七〇カ所まで拡大した。この背景には、各地域で激化した部隊誘致運動との関係があろうが、結果的に歩兵連隊と特科部隊《とっかぶたい》▲をおいたミニ軍都・軍郷《ぐんごう》が全国で一挙に拡大したのである。郷土部隊の全国規模への展開であった。

▼**特科部隊**　ここでは歩兵部隊以外の総称をさす。

③―大正期＝軍用地をめぐる諸問題の噴出

一九一〇〜二〇年代の軍用地の動向

表11および表12は、日露《にちろ》戦後の軍拡《ぐんかく》の完了後から一九二〇年代の軍縮《ぐんしゅく》期の軍用地の動向をみたものである。一九一四(大正三)年に朝鮮での師団《しだん》新設を反映して軍用地が増大したあと、第一次世界大戦後の二一(同十)年までは師団別でも、総体としてもほとんど変動がみられない。あえていえば、兵営《へいえい》・軍工《ぐんこう》廠《しょう》・練兵場《れんぺいじょう》用地などの若干の拡大を牧場の微減が相殺していたといえる。

これが、一九二〇年代になると、軍縮の影響で徴兵制《ちょうへいせい》施行以来初の、軍用地の大規模な縮小という事態が起きる。一九二二(大正十一)年から二四(同十三)年の縮小は、二次にわたる山梨半造《やまなしはんぞう》▲陸相時代の軍縮の影響であり、二六(昭和元)年の減少は、四個師団を廃止した宇垣一成《うがきかずしげ》▲陸相による軍縮の影響である。これら二期にわたる軍縮を挟み、一九二一年と二九(昭和四)年の軍用地面積を比較すると二二%も縮小した。表11によれば、大きな減少をみせているのは馬《ば》政局《せいきょく》▲(廃止)、第七・八・一四・一七師団であり、一方で大きな増加を示して

▼**山梨半造**　一九二一(大正十)年六月〜二三(同十二)年九月陸軍大臣。将兵《しょうへい》六万二五〇〇人、馬一万三〇〇〇頭など四個師団相当の兵力を削減した。

▼**宇垣一成**　一九二四(大正十三)年一月〜二七(昭和二)年四月陸軍大臣。常設の四個師団を廃止し、三万三九〇〇人、馬六〇〇〇頭を削減した。

▼**馬政局**　陸軍大臣が所管(一九一〇〈明治四十三〉年以降)した馬政の総合的行政機関。馬政長官には、現役陸軍中将または少将をあてるものとした。

●——表11　1910〜20年代陸軍省所管地所管別坪数

	1914年（大正3）	1921年（同10）	1922年（同11）	1923年（同12）	1924年（同13）	1925年（同14）	1926年（同15）	1930年（昭和5）
	万坪	万坪	万坪	万坪	万坪	万坪	万坪	万坪
大臣官房					3	3	3	3
東京経理部		205	224	232	237			
築城部本部	3,256	3,326	3,417	3,427	3,638	3,692	3,735	3,745
東京砲兵工廠	76	96	105	106	182	184	184	229
大阪砲兵工廠	46	63	76	76				
千住製絨所	3	3	3	3	3	3	3	3
馬政局	9,209	9,150	9,148	9,150				
近衛師団	137	111	119	182	182	347	343	348
第1師団	1,135	1,028	1,023	1,021	1,022	1,094	1,111	1,128
第2師団	5,319	5,371	5,382	4,984	6,548	6,551	7,521	6,549
第3師団	537	579	581	617	617	618	1,508	1,496
第4師団	312	323	335	330	331	337	337	355
第5師団	599	616	617	610	636	659	641	649
第6師団	2,075	2,069	2,944	2,943	2,940	2,964	2,977	3,234
第7師団	31,467	31,133	27,528	26,709	26,357	25,366	25,364	23,611
第8師団	9,654	9,926	10,623	9,613	7,660	7,660	7,776	6,358
第9師団	262	271	161	270	270	270	291	297
第10師団	470	520	488	430	430	532	886	879
第11師団	855	368	345	368	365	424	473	461
第12師団	1,162	1,164	1,164	1,157	1,165	1,166	1,609	1,598
第13師団	1,147	1,148	1,146	1,143	1,145	1,166		
第14師団	5,029	4,138	3,875	2,845	2,869	2,870	578	317
第15師団	754	754	775	776	776	776		
第16師団	566	616	616	615	613	613	664	688
第17師団	2,513	2,523	2,517	2,524	407	409		
第18師団	244	288	289	286	457	457		
朝鮮駐剳軍	2,553	2,858	3,041	7,161	7,174	7,189	7,222	9,248
台湾総督府	1,042	1,070	1,060	1,064	1,232	1,229	1,245	1,327
樺太守備隊				13	14			
関東都督府	364	425	130	420	417	420	420	463
支那駐屯軍	16	21	19	18	21	18	18	18
総　　計	80,815	80,175	77,764	79,105	67,727	67,029	64,921	63,012

『陸軍省統計年報』第25〜42回より。

備考：1　「朝鮮駐剳軍」欄は，1918年から朝鮮軍，1922年以降は第19師団・第20師団・朝鮮軍の総計，「関東都督府」欄は，1919年から関東軍，「樺太守備隊」欄は1923年から樺太軍，「東京砲兵工廠」欄は，1924年以降造兵廠全体の数値。

2　省略した1915〜20年の間はほとんど数値の変化はない。1920年代前半に大きな変化があり，省略した1927〜29年もゆるやかな変化が続き，1930年にいたる。

●――表12　1910～20年代陸軍省所管地使用目的別坪数

年　　次	官衙	兵営	演習場	練兵場	飛行場	射撃場	牧　場	その他	計
	万坪	万坪	万坪	万坪	万坪	万坪	万坪	万坪	万坪
1913(大正２)	181	911	16,915	807		779	53,445	5,297	78,946
14(　　３)	190	916	18,935	794		766	54,048	4,551	80,815
15(　　４)	190	917	19,275	791		766	53,103	4,533	80,185
16(　　５)	190	961	19,275	793		774	53,096	4,497	80,214
17(　　６)	191	968	18,816	792		789	53,098	4,439	79,762
18(　　７)	199	974	18,821	790		791	53,095	4,441	79,755
19(　　８)	199	993	18,831	816		796	53,086	4,422	79,789
20(　　９)	249	1,091	19,047	863		787	53,004	4,361	80,092
21(　　10)	248	1,149	19,142	863		788	52,714	4,554	80,175
22(　　11)	233	960	18,959	1,016	267	1,195	50,026	4,224	77,764
23(　　12)	221	965	19,016	1,011	309	1,163	50,291	5,210	79,105
24(　　13)	238	893	19,477	966	324	744	39,252	4,809	67,727
25(　　14)	236	896	19,668	985	325	745	38,250	4,879	67,029
26(　　15)	237	916	19,681	995	325	747	35,903	5,054	64,921
27(昭和２)	247	815	19,768	1,047	571	1,120	34,373	6,608	65,434
28(　　３)	250	777	20,143	1,097	611	1,117	31,315	6,616	62,812
29(　　４)	221	770	21,760	1,133	637	1,070	29,756	6,533	62,815
30(　　５)	217	750	23,037	1,128	647	1,068	30,553	4,646	63,012
31(　　６)	219	748	22,561	1,127	664	1,068	30,264	5,213	62,800
32(　　７)	259	778	22,714	1,318	681	754	30,807	5,663	63,889
33(　　８)	258	778	23,321	1,426	740	761	30,809	5,609	64,637
34(　　９)	273	779	24,994	1,432	794	672	30,224	5,006	65,132
35(　　10)	270	759	25,063	1,436	849	756	30,395	5,243	65,743
36(　　11)	282	750	27,325	1,427	1,365	754	29,112	5,096	67,100
37(　　12)	270	743	24,846	1,529	1,533	745	30,925	5,285	66,857

『陸軍省統計年報』第25～42回より。

備考：使用目的欄につき，学校・病院・工場・倉庫・作業場・埋葬地を省略した。「計」はこれらの面積を含んだ数字。「その他」欄は，原資料のまま。

いるのは朝鮮である。実はともに、軍馬《ぐんば》補充地の関係であり、前者は内地における軍馬補充部用地の大幅縮小を、後者は朝鮮北東部の咸境北道《ハムギョンプット》における軍馬補充部雄基《ウンギ》支部新設の影響であった。軍用地からみると、軍縮の影響は、騎兵《きへい》連隊《れんたい》をはじめ、山砲《さんぽう》連隊・野砲《やほう》連隊・歩兵《ほへい》連隊などの縮小にともなう軍馬定数の大幅削減という要素がもっとも大きかったが、他方でこの時期に植民地《しょくみんち》の山野の軍事化が押し進められていたのである。

　表12で、一九二〇年代の軍用地の種目別の動向をみてみよう。牧場(軍馬補充地)はピーク時の一九一四年と二九年を比べると四五%も減少し、それが二割を超える軍用地縮小の最大要因となった。規模は小さいが兵営の縮小にも軍縮が影響している。他方で、演習場・練兵場・射撃場面積などは全体としては着実にふえており、なによりも飛行場用地があらたに登場した。軍縮で浮いた予算を飛行《ひこう》連隊▲や高射砲《こうしゃほう》連隊▲・戦車隊《せんしゃたい》新設にまわし、軍装備の近代化(能力向上)をはかることがこの時期の陸軍の目標であったが、そのことが、飛行場用地の登場や演習場の拡大としてあらわれていたのである。

　台湾の軍用地の拡大は、飛行第八連隊の設置にかかわるものと思われる。関《かん》

▼**飛行連隊**　一九一五(大正四)年、陸軍は飛行大隊の編成を開始、二五(同十四)年までに六個大隊としたが、同年飛行連隊に改編し、同時に二個連隊を増設した。

▼**高射砲連隊**　航空部隊に地上から対抗する高射砲部隊は、飛行連隊とほぼ同時、一九二六(昭和元)年に第一連隊が設置された。

県(地域)名	1925年	1940年
愛媛	**小野**	小野
高知		高知
福岡	平尾台 上寺 高良台	平尾台 青木 高良台
長崎・佐賀	千綿大野原	千綿大野原
佐賀	金立	金立
大分	日出生台	日出生台 石垣原
熊本	**人吉** 黒石原 大矢野原 広安	人吉 黒石原 大矢野原 広安
宮崎		土土呂 **宮崎**
鹿児島・宮崎	霧島 **吉松**	霧島 吉松→真幸*
鹿児島	天保山	吉野
沖縄		沖縄
朝鮮	山城山 定平 煙臺外 平壌 昌寧 谷山 富平	山城山 **富坪** 訓戒 平康 昌寧 谷山 **會文** **温井里** **龍岡** **廣州** **大同**
台湾	湖口 嘉義 淡水 埤仔頭	湖口 白河荘 **三角堀** 埤仔頭

備考：1925年欄太字は1916年の演習場一覧への新規追加分。

1940年欄太字は1938年の演習場一覧への新規追加分。

1940年欄のうち，＊は1945年の演習場一覧で新規追加された分で，1940年以後新設されたもの。
→は名称改訂と思われるもの。

「演習場規則改正の件」(『陸軍省大日記 甲輯』大正５年)，「陸軍演習場規則中改正の件」(『陸軍省大日記 甲輯』大正14年)，「陸軍演習場規則中改正の件達」(『陸軍省大日記 陸密 自大正十四年一月至昭和二年十二月陸普綴第一部』)，「陸軍演習場規則中改正の件」(『陸軍省大日記 陸密 昭和十三年来翰綴(陸普)第一部』)，「陸軍演習場規則改正に関する件」(『陸軍省大日記 陸満機密・密・普大日記 来翰綴(陸密)第一部 昭和十五年』)，「陸軍演習場規則中改正の件達」(『陸軍省大日記 陸満機密・密・普大日記 陸密綴 昭和二十年』)の各付表より作成。

●──表13　陸軍演習場一覧

県(地域)名	1925年	1940年
樺太		**上敷香**
北海道	当麻 美瑛 近文台 島松 厚別 下湯の川 森林→森 砂川	当麻 美瑛 近文台 島松 厚別 下湯の川 森 砂川→江別* 浦河
青森	山田野	山田野
岩手	花巻	一本木原 **金ヶ崎***
秋田	強首	強首
宮城	王城寺原	王城寺原 石巻
山形	尾花沢 **大石田**	尾花沢 大石田
福島	翁島	翁島 白河
新潟	関山 大日原	関山 大日原 **小千谷***
栃木	金丸原	金丸原
群馬	相馬原 前橋	相馬原 赤城 **浅間山***
茨城	**長倉**	長倉 波崎
千葉	下志津 習志野 八柱	下志津 習志野 八柱 飯岡 一ノ宮
神奈川		相武台→相模原* **溝ノ口**
長野	有明	有明 **野辺山***
山梨		北富士
静岡・山梨		**西富士**
静岡	富士裾野 三方原 二俣	富士裾野 浜松* 二俣
愛知	高師原 本地原 犬山	高師原 本地原 犬山
岐阜	坂本	坂本
三重	千種	千種
富山	立野原 富山	立野原
石川	安原	安原
福井	三里浜 敦賀	三里浜 敦賀 六呂師
滋賀	饗庭野	饗庭野
京都	長池 宇治 長田野	長池 宇治 長田野
大阪	信太山	信太山 横山
兵庫	青野原 **寺前**	青野原
岡山	日本原 和気	日本原 蒜山原
広島	原村 馬木	原村 馬木
広島・島根		**八幡原**
鳥取	**浜坂**	浜坂 **大山**
島根	三瓶原	三瓶原 **川波***
山口	**大田**	大田
香川	雲辺寺原 道音寺山 青野山 **国府台**	雲辺寺原 青野山 国府台
徳島	板東 洲津	板東 洲津 大潟

東《とう》都督府《ととくふ》用地をあわせ、植民地の軍用地は軍縮の影響をまったく受けていないどころか拡大し続け、一九三〇(昭和五)年には、軍用地総面積の一七・五%を占めるにいたっていた。また、表10の一九一六(大正五)年と表13の二五(同十四)年を比較すると、朝鮮での演習場の拡大がきわだっている。定平《チョンピョン》演習場買収地は三五七万坪、平康《ピョンガン》演習場は民有地買収七〇〇万坪に官有地一五〇万坪を加え総面積八五〇万坪、谷山《コクサン》演習場総面積五〇〇万坪、昌寧《チャンニョン》演習場総面積五二〇万坪であった。また、平壌《ピョンヤン》への航空部隊設置にともなう飛行機射撃演習場取得計画▲によれば、陸地演習場三一〇万坪・干潟《ひがた》地三一五万坪・海面二四四五万坪であった。一九二〇年代は、内地《ないち》に限れば軍縮期だが、植民地に目を転じれば、軍の近代化政策や、内地の軍用地縮小を植民地で補う方針を反映して、軍用地拡大がはかられた時期であったのである。

軍用地をめぐる民衆の要求

一九二三(大正十二)年、陸軍は各師団などに対し陸軍用地の全国調査を命じている。理由は、国有財産の整理および市街地の膨張にともない練兵場・射撃

▼**飛行機射撃演習場取得計画**
陸地演習場三一〇万坪の内訳は、二〇万坪が民有地で、残りは国有地。しかし、国有地のうち一三三万坪は、一九二〇(大正九)年に民間への払下げ契約をしていたので、この契約を解除した。干潟地は朝鮮総督府の塩田《えんでん》候補地で、すでに民間製塩業者が営業していた。海面については、陸軍は演習場使用中の操業停止と苦情を申し出ないことを漁業者に要求し、それを条件に漁業継続を許可した。

場などの移転または整理に関する問題が漸次増加という景況にかんがみ、とある。この時期の軍と地域民衆とのあいだでなにが問題になっていたのか、以下、いくつかの問題群に分けてみていく。これまでの研究で、軍と地域民衆という角度からこの時期を扱う場合、多くは、軍縮期の師団誘致・師団存置要求運動に注目してきたが、この問題に関しては先行研究に譲り、ここではこの時期固有の、軍と地域民衆との緊張関係に注目しつつ、軍と民衆要求との接点への視野・枠組みをもう少し拡げ、軍が「問題」と意識した事柄の性格を、事例をもとに考えよう。

軍用地接収と民衆

この時期には第一次大戦期の世界規模での軍装備の革新に対応すべく野戦重砲・航空など新設部隊の設置とそのための軍用地の確保、兵器の能力向上に対応した演習場の拡張などが軍部に要請されていたが、そのための軍用地の拡張は第一次大戦前後の民衆の生活向上要求と大きな矛盾をはらむものであった。問題の第一点目に、あらたな軍用地の接収に対する民衆の対応をみていこう。

▼**明野陸軍飛行学校**　所沢《ところざわ》の陸軍飛行学校の分校として開設。下志津分校が偵察の専門教育を担ったのに対し、明野は戦闘教育（空中戦闘・空中射撃）の中心であった。

▼**郡**　一八九〇（明治二十三）年制定の法律「郡制」によって設置された府県と町村の中間に位置した行政単位。郡役所と官選の郡長がおかれた。郡役所は、一九二六（昭和元）年に廃止された。

▼**帝国在郷軍人会**　兵役のうち、現役を終了したあとに数年間の予《よ》備役《びえき》、さらに数年間の後備役《こうびえき》に編入され、戦時になると召集《しょうしゅう》されたが、これらの民間人を在郷軍人という。帝国在郷軍人会は、各地で結成されていた在郷軍人会の全国組織として、一九一〇（明治四十三）年、陸軍の指導で結成された。

最初に紹介する事例は、この時期に登場したあらたな軍用地としての飛行場用地取得の例である三重県度会《わたらい》郡の明野《あけの》陸軍飛行学校▲の場合である。

一九二〇（大正九）年三月、度会郡北浜《きたはま》村（現伊勢《いせ》市）大字村松《むらまつ》の区民総会（二九四人出席）は満場一致で、明野飛行場三〇万坪の売買契約の取消しを陸軍大臣に申し入れることを決議した。その決議文にはまず、なぜ土地売買契約を受諾したのか、その経緯・事情が述べられている。

元来右土地は村有林なりしを明治十四五年県が同地に勧農場《かんのうば》を設置するに際し強制的に買収されたるものにて、以後年々の人口増殖は追々耕地の不足、従て食糧の不足を告げ、加えて薪材《まき》の採取に細民《さいみん》の痛苦を感ずること莫大なので開墾と採薪とを目的として屢々《しばしば》県に陳情哀願し、遂に縁故特売の許可を得て、已《すで》に耕地整理の計画をも立てたるものなので区民は価格如何に拘らず之か売譲若《もし》くは貸地の契約には応諾せざらんとせり。然るに昨年拾月陸軍航空課長……来県の時、本村出身にして現度会郡▲書記たる……が、帝国在郷軍人会《ていこくざいごうぐんじんかい》▲度会郡連合分会長たる因《よ》しを以て会見せられ、談笑の間に該地三十町歩を陸軍飛行場用地として買収の斡旋を為すべく口約を為したるに原因し、其後陸軍により口約実行を促されたとき、（陸軍側は三十万坪、郡書記は三十町歩なりとして）弁解折衝数回に亘り、区民は三十町歩の売譲すら其実行を拒み居る折柄三十万坪の売譲には絶対に（反対し）……囂々《ごうごう》不平を鳴らし協商遂に破れんとせり。然るに両氏及区の先輩は口を極めて飛行は文明の戦術にして最新国防施設に属し殊に神宮御鎮座地の付近に斯《こ》の種《しゅ》国家的施設を見るは本村の名誉なりと説き……（道路新設や河口の浚渫《しゅんせつ》等の条件を付した結果）漸《よう》く《や》一反歩百六拾五円の価格を以て売譲の契約を締結するに至れり。

しかし陸軍はこの条件を履行せずに飛行場工事のみを強引に進めた。このため「其《その》横暴旧時の専制に異ならず。斯《かく》の如《ごと》く契約を無視し区民を翻弄せらるるは大正昭代の官憲《かんけん》として執らるるの途なるやと只管《ひたすら》其無責任を憤り、巷談《こうだん》横議無智の徒は不穏の挙に出でんとし速に契約を破棄せよと迫り、有志の申合せは自然区民総会となり」（『陸軍省大日記　乙輯《おつしゅう》』大正九年）、上記の議決におよんだわけである。ここには、当時の人びとの、自力での耕地開拓による生活向上への強い意欲、それに立ちはだかる政治行政的仕組みと国防・文明の武器という説得の論理、その論理と対抗する大正デモクラシー状況下の民主主義的意識が表現されている。

しかし、飛行学校は開設された。その結果、この地の人びとの生活はどうなったのか。以下は、一九二六（大正十五）年十月、大字村松より陸軍大臣宛の、明野陸軍飛行学校敷地拡張を目的とした新規買収に反対する嘆願書である。

私共所有地明野山の件、右は元来狭き村松区に於《おい》て既に計画せし開墾を廃止して飛行学校設置当初の買収に応じ、為に欠乏せる耕地は飛行場と海面に挟まれ、先般海面漁業の制限に伴ひ転業せんとする耕地は尺寸拡張の余地無く、将来三百有余の大部落人口の増殖に伴ふ農業経営上憂慮に堪へざる折柄に付、特別の御詮議を以て位置変更御配慮相煩《わずらわ》し度《たく》（『乙輯』大正十五年）

飛行場設置後の生活苦がみえるが、この例は同時に、一度軍用地化すると、その軍用地が自己増殖しがちなことを示している。

軍用地接収の二つ目として演習場拡張の場合をいくつか取り上げよう。

一九二一（大正十）年当時、第六師団（熊本）は、歩兵第三六旅団の演習場として既設の霧島《きりしま》演習場(三二万坪)のほかに、より広大な演習場を確保する計画であったが、予定候補地が「付近農耕地僅少の為住民の反対」などで取得できず、整理売却を予定していた軍馬補充部高鍋《たかなべ》支部用地の一部三一一万坪を演習場用地に編入して乗り切った。翌一九二二(大正十一)年には第二師団(仙台)は、尾《お》花沢《ばなざわ》演習場拡張敷地の買収につき、価格の面で交渉がまとまらず、拡張予定地の一部を取りやめざるをえなくなった。一九二三(大正十二)年、第一五師団(豊橋《とよはし》)経理部長の陸軍大臣宛文書は、陸軍用地と民有地の交換による天伯原《てんぱくはら》陸軍演習場の整理について、「本地の属する高豊《たかとよ》村は其地積の大半は陸軍用地に編入せられある関係上土地大いに不足し地主は土地の手放しを欲せず、一般に時価比較的高価を唱へつつあり」(『乙輯』大正十二年)と、これ以上の演習場拡大を望まない、もし買収するなら納得のいく対価を要求する、という地元意識を伝えている。同じ年、第一七師団(岡山)は日本原《にほんばら》演習場の新規拡張三〇万坪分を計画していたが、翌年の報告では実際の買収面積はほぼ三分の一、一一万八〇〇〇坪であった。買収にあたっての「関係村長の申出価格は著しく高価にして」、土地所有者の申し出価格を村長らが切りさげて査定してなお「軍部の見込額に比し二倍乃至《ないし》三倍の高価に上る」(『乙輯』大正十四年)状況があったからである。陸軍の大義に泣き寝入りして土地を手放す明治期までの対軍・対国家意識は遠くなり、各地で、従来よりはるかに強い姿勢で軍と交渉する時代になっていた。

そのような対軍主張の先端的な事例と思われるものが、一九二二年から三年がかりで行われた小野《おの》演習場買収の総括報告にみられる。この買収案は、松山《まつやま》歩兵第二二連隊用に、愛媛県温泉《おんせん》郡小野村(現松山市)などの三一万坪を買収しようというもので、関係地主一六〇〜一七〇人、買収予定地内には原野だけでなく田畑、果樹園、居住者一五戸を含んでいた。この買収計画に際し、関係村の村長は買収斡旋に動くが、地主総集会では水田買収の中止、近隣への移住先の確保、神社・墓地・寺院移転への考慮要求などがふきだした。

なかでも一九一七(大正六)年以来この買収地域内の一六〇町歩開田計画を中心的に進めてきた耕地整理組合長は、耕地化事業の完成を目前にしてそのうち一〇〇町歩もが射撃場にされるとして、買収計画に強硬に反対した。同組合長は、「地方住民はかかる山間僻地に居住し生計に苦しみつつあるものが、耕地整理の結果多数の土地を得て多少の生活の安定を得ようと考へて居るものが、今や射的設置のため幾多の部落民が祖先伝来の土地墳墓を擲《なげう》ち他の地方へ転住せねばならぬはめに陥るのである。如何に国家的の事業とは雖《いえども》、国家的に国民一般が苦痛を感ずるならば最《(ママ)》もであるが、射的場としては他に適当の土地がない、亦買収価格は予算に限りがあるから地主亦は住民の希望を満たすことが出来ぬとは、実に惨《みじめ》にして一地方民のみが国家の犠牲になる必要を認め」ないとして、一方で村長の傍観的態度を批判し、他方で「将来の住民が減り土地が減るとすれば其村の財源が減ずるのである。将来村民の負担が重くなるのである。……将来の関係村は貧乏を招くのである」(『乙輯』大正十三年)として村の将来をうれえる立場から買収への不同意を表明し、村長らが村民の意思を尊重することと軍隊側の再考を要求した。公とは、公平とはなにか、村の将来はなにが、誰が、保障してくれるのか、鋭く問いかける買収反対論であった。

以上の内地での軍用地接収と比べ朝鮮の場合は強圧的な姿勢をとることが可能であり、その分、接収が容易だったと思われる。朝鮮への軍用地拡大は、大陸での作戦という戦略的な意味が第一であろうが、植民地権力による軍用地、とくに演習地など広大な軍用地確保の容易さも無視できないのではなかろうか。

一九二一年、朝鮮総督府《そうとくふ》▲が提供した国有林野一万二九〇七町を中心に軍馬補充部雄基支部がつくられていった。その際、同年の朝鮮軍▲経理部から陸軍省副官宛の通牒《つうちょう》によれば、管轄替え国有地に「採薪放牧柴草採取等地元住民の慣行あるものは後日の紛争を避くる為、土地買収員派遣の際、相当評価の上、補償金を交付し縁故権を放棄せしめしに付き最早現存の慣行として其《その》権利を認容すへきものなき見込みなり」（『乙輯』大正十年）と報告されている。総督府からの「事業に支障無き限度に於《おい》て地元住民の慣行による柴草採取を認容すること」という管理替えに際して付された条件もあるので、「柴採草下付願」をださせ一部立入りを認める方針としているものの、後述の内地の事例と比べ、立入りの権利は厳しく制限されていた。

また、一九二四（大正十三）年十二月、朝鮮軍は総督府に対して、平壌に飛行大隊を新設したことに付随して、温井里《オンジョンリ》飛行機射撃場を設置するための敷地取得を要求し、あわせて、付近住民の漁業許可の取消しと近隣の島民の移住を求めた。演習地が海域におよぶ場合、漁業操業の時間制限を求めるのが内地の通

▼朝鮮総督府　朝鮮を植民地支配するための政務統轄機関。最高官の総督は、当初、天皇の任命による陸海軍大将で天皇に直属して朝鮮軍を統率した。政務に関しても総理大臣の監督を受けず天皇に上奏《じょうそう》し裁可《さいか》を受けることができ、法律にかわる制令《せいれい》を発するなど立法権も有した。

▼朝鮮軍　朝鮮への二個師団新設を受けて、一九一八（大正七）年、朝鮮駐劄軍は朝鮮軍と改称した。

例であった。

都市計画と軍用地の衝突

師団や連隊は地域振興の有力な装置として意識された一方で、一九一〇年代から二〇年代の都市の急速な発展の時期のなかでは、都市の発展、都市計画の阻害物としても意識されていくようになる。軍用地問題の第二点目として、都市行政と軍用地という関係に注目して考察するが、まず、いくつかの都市の事例を師団ナンバーに従って確認しておこう。

東京の場合は、本来は明治神宮《めいじじんぐう》造営などにともなう軍用地問題が都市空間の形成という面からかかわるのだが、ここでは一般的な都市発展との関係に限定する。一九一九(大正八)年、東京府は府内軍用地五カ所、二万二〇〇〇坪を、「急激なる人口増加」による「住宅著しく払底」に対応する「社会政策」である住宅経営用地としての使用承認を陸軍大臣に申請している(『乙輯』大正九年)。

郊外では一九二〇(大正九)年、東京府荏原《えばら》郡目黒《めぐろ》村より輜重兵《しちょうへい》第一大隊《だいたい》練兵場につき、〇三(明治三十六)年の買上げ以来四六時中土砂飛散の被害に苦しみ、さらに部落横断を阻害し、宅地として開発もできず部落発展の障害であるとして、用地交換による必要な部分の取得願いがだされた(『乙輯』大正九年)。一九二三(大正十二)年、東京砲兵工廠《ほうへいこうしょう》▲十条《じゅうじょう》銃砲製造所および板橋《いたばし》火薬製造所の設置とその後の拡張により「十数町」(この町は長さ約一〇〇メートルを示す)にわたり町の南北交通が遮断され、交通上たいへんに不便し町の発展上にも支障をきたしている、「国家経営の施設が国民の利害を度外視し多数人民をして此の不利不便を忍ばしむるの弊を難し所属官庁を怨嗟するの声を挙ぐるものも亦た少からず」、「国家経済上並びに社会政策上由々敷《ゆゆしき》大問題」(『乙輯』大正十三年)として、軍用地内への道路新設を要求した王子《おうじ》町の住民七〇人による陸軍大臣宛請願も同様に、郊外の都市化にともない深刻化した軍用地問題である。

　大阪では、一九一三(大正二)年、大阪市電気局軌道事業用地として、陸軍用地と市有地の交換が行われている。都市交通のインフラストラクチャー▲整備にかかわる軍用地の問題であり、こうした事例は他都市・他地域でも確認できる。ついで一九一九年一月、大阪府会は内務大臣に宛てて「大阪師団移転に関する意見書」(『乙輯』大正八年)という大胆な決議を提出した。そこには、

▼砲兵工廠　陸軍直営の兵器工場。東京・大阪・名古屋などに設置した。一九二三(大正十二)年に陸軍造兵廠と改称した。

▼インフラストラクチャー　道路・鉄道・港湾など産業基盤や、学校・公園など社会生活基盤関連の社会資本。

近年大阪市の発展実に著しく昨日の桑田変して今日殷賑《いんしん》の市街と成る。其進歩到底他に其の比を見ず。而して市の西南北三方は既に長大なる発展を見るも独り東方師団所在地に連《つらな》る一円の地は依然旧態たる状態にあり。是《こ》れ師団の宏大なる各種建造物の為め交通の利便を絶ち、付近の連絡を欠くに外ならず。之《これ》を以て旧来師団移転を唱へられたること屢々《しばしば》なりとす。

と記され、師団が大阪市発展の妨げであることが正面から主張された。要望は実現しなかったが、一九二一(大正十)年、大阪城西側(大阪市東《ひがし》区大手前《おおてまえ》)の旧輜重兵第四大隊跡地一万三〇〇〇坪が大阪府に売却されたのは、その要求の成果の一部といえよう。

大阪の師団移転要求に続いたのは名古屋市である。一九二八(昭和三)年、名古屋市会は第三師団移転に関する意見書を可決した。軍用地が町の中枢にあることで、市の中心がしだいに南部に移行することをくいとめるためという大阪同様の都市発展のゆがみ、それをうれうる名古屋市中心部の有力者の意向が背景にあった。

広島市では、都市中心部の軍用地の削減とその行政用地化をめざした。一九

▼梅津美治郎　のち、陸軍次官・関東軍司令官、一九四四(昭和十九)年参謀総長。敗戦時の降伏文書調印者。

二三年、同市は尾長《おなが》村工兵《こうへい》作業場拡張用地の提供を交換条件に、西練兵場の一部(二〇〇〇坪余り)を広島市役所建設用地として獲得する願い出を行った。

熊本市は、一九一六(大正五)年、上水道配水池敷地として熊本城内の師団用地の使用を願い出た。上水道の敷設は、当時の「市の公益上極めて緊切なる事業」として位置づけられており、城内は熊本市の高所として、技術的にも経済的にも最適の条件を有していた。しかし、陸軍はこの願いを軍事上支障ありとして拒絶する。以下はこのときの熊本市長から陸軍次官宛の申出書であり、陸軍に対する市長の激しい憤懣《ふんまん》が伝わってくる。

小生之(陸軍の拒絶)に接し実に驚愕《きょうがく》致候処に御座候。熊本水道のため熊本城内借用の事は前第六師団長梅津《うめづ》(美治郎《よしじろう》)▲中将と前市長山田珠一氏(衆議院議員)との間に内交渉纏り居たる趣にて、之にもとづき其設計完備し以《もっ》て小生に引継ぎしなり。そもそも本水道布設は熊本市空前の大事業にて其経費百五十万円に達し、市民大決心を以て之が遂行に努め、目下《もっか》は其の認可を待ちつつあるの状況に候。然るに俄然《がぜん》此の如き陸軍より不許可の報に接し市民疑懼《ぎく》の念を起し居り申候。初め本件を企図するとき、市は陸軍側の意向を全然無視して計画したるにあらず。仮令《かり》に適法ならざりしならんかにせよ前の師団長と前の市長との間に内交渉纏りたる結果此《か》く大事業決定せし関係に之あり候。(『乙輯』大正六年)

上水道問題だけでなく、市中心部からの軍施設の立退きは、大阪や名古屋と同じく市の発展にきわめて重大な影響をもつ問題であった。一九二三年七月の第六師団経理部長より陸軍大臣宛「陸軍用地用途変更の件 伺《うかがい》」には、熊本市中心部に兵営をおく歩兵第二三連隊を郊外の渡鹿《とろく》練兵場の敷地内に移転する案が提案され、その理由として「現在の歩兵第二十三連隊兵営地は市街の中央にして而《し》かも近来最も繁栄を極むる古町方面と坪井《つぼい》方面との中間に介在し将来熊本市の商工業上実に枢要なる地域を以て目せらるるに至り、従て同兵営の存在は市の発展と共に其不便不利を増大する義」であるので、「同兵営を他に移転し其跡地を市に譲り受けたき旨」の熊本市長の請願が紹介されていた。『新熊本市史通史編 第七巻』によれば、歩兵連隊敷地は図28のように熊本城の南側に広がっている。その前年、一九二二(大正十一)年、熊本市会は歩兵第二三連隊の移転と陸軍用地払下げ申請の件を可決しており、市長の請願は市会の決議を背負っ

●──図28　歩兵第23連隊敷地（1912年当時。『新熊本市史』通史編　第７巻　近代Ⅲより）
現在の地図に，「熊本市及附近実測図」（大正元〈1912〉年）記載の歩兵第23連隊の領域を配置。

●──図29　大江村の軍施設（『新熊本市史』通史編　第７巻　近代Ⅲより）　現在の地図に，「最近実測熊本市街地図」（昭和５〈1930〉年）記載の軍施設を配置。

ていた。なお、移転地の渡鹿練兵場のある大江《おおえ》村は、熊本市中心部の東南方向に隣接し、日清《にっしん》戦後から熊本市中心部の第六師団諸部隊の移転受け皿となりはじめ、図29のように陸軍施設の集中地域となっていた。

しかし、この案だけでは渡鹿練兵場敷地が減少し、練兵に制約が生じる。そこで陸軍省内では帯山《おびやま》演習場隣接地の買収を想定、「渡鹿練兵場は面積狭小、且つ市街と鉄道線路とを以て四囲を包囲せられ其の利用価値減少せるを以て其の大部を帯山の台上に移転拡張したきは年来の希望なりき」(『乙輯』大正十三年)との意見が付された。帯山演習場は、渡鹿練兵場東南方向に隣接する地域であり(健軍《けんぐん》村外)、陸軍は一九二四(大正十三)年、この地域に二五万坪を買収した。さきの歩兵連隊跡地面積は二万七〇〇〇坪余り、熊本市への払下げ見込み価格は一六五万円、この費用で連隊の移転費用などがまかなわれたのである。中心都市の軍用地問題の解決が、郊外および山間林野の軍事化として波及していくさまがみてとれよう。

陸軍墓地という小さな軍用地も都市の設計にとって障害となるケースも生じた。金沢《かなざわ》市では一九一三年、卯辰山《うたつやま》陸軍墓地(旧陸軍墓地)を金沢市の負担で移転し、墓地区域を公園に編入した。同様のケースは、師団所在地ではないが、神戸《こうべ》市でもみられる。一九一四(大正三)年、神戸市は市内大倉山《おおくらやま》の陸軍埋葬地が、この地域の公園としての体裁に差し障り、市の発展の結果、民家に接近し墓地としても不適当として第一〇師団に対し移転を要望▲した。

姫路《ひめじ》市においては、姫路城の全面軍用地化が町の発展の障害であり、すでに一九一一(明治四十四)年には姫路城払下げ願いを行っている。その要請は「建造物の無償下付は到底詮議の見込無之、土地に在ても従来実例も無之に付、願意採用難相成」とされたが、城跡の維持を姫路市の負担として期限付きで無償貸付けし、継続更新することがありうるとして、翌年から姫路城の一部の公園敷地としての貸与が開始された。また、一九一九年、姫路市より陸軍省管轄の姫路城南側の濠《ほり》を埋め立て、宅地として開発したいので、濠を払い下げられたいとの出願がなされている。東京の事例と同じく、都市部の住宅問題との関係でも軍用地の払下げ、借用が求められていたのである。

一九二〇年十月、小倉《こくら》市長は陸軍大臣に対し、「本市旧城内所在小倉衛戍監《えいじゅかん》獄《ごく》▲、並びに小倉偕行社《かいこうしゃ》は本市の中央に位置し付近繁栄上多年遺憾に相感じ居り

▼**移転を要望**　こののち、第四師団管轄の真田山《さなだやま》陸軍埋葬地(大阪市)への改葬が実施された。

▼**衛戍監獄**　軍人の犯罪は陸軍・海軍それぞれの刑法によって処罰され、裁判は通常の裁判所ではなく軍法《ぐんぽう》会議によって行われた。そして監獄も衛戍監獄という独自の監獄制度をもっていた。なお懲罰令《ちょうばつれい》違反者を拘置・隔離した営倉《えいそう》は衛戍監獄とは別である。

候次第に之あり、本市役所並公会堂其の他、建築敷地として最も適当」(『乙輯』大正十一年)として、市会の同意をえたうえで、用地の払下げを願い出た。広島市と同様の行政・公共用地としての軍用地の立退き要求であった。

こうした都市計画との矛盾は、内地だけの問題ではなかった。一九一二(明治四十五)年、台湾総督府▲陸軍経理部より陸軍大臣宛伺によれば、「台北《タイペイ》市街の発展に伴ひ民政部及陸軍の経営施設に基く相互の要求を調和し、各其目的を充実せんがため、所在土地相互保管転換方民政長官と内儀調整」(『乙輯』明治四十五年)を行っていた。また、一九二四年、台湾総督府は台湾高雄《たかお》に皇太子行啓《ぎょうけい》記念の森林公園をつくるために軍用地の管理替えを要求している。陸軍省内には、「公共用として絶対的のものにあらざる公園地として無償にて引渡すことは考慮の余地あり」との意見もあったが、不要地でもあり、移管には同意せざるをえなかった(『乙輯』大正十三年)。

これら諸都市で起きていた軍用地問題は三つに大別できよう。

第一は、都市中心部の都市計画・再開発との矛盾である。都市中心部の軍施設移転を要求していたのは、大阪・名古屋の師団移転要求を筆頭に、広島・熊

▼**台湾総督府**　台湾の植民地経営のために一八九五(明治二十八)年に設置した官庁。総督は陸海軍大将・中将が任命され、台湾軍司令官をかねたが、一九一九(大正八)年以降は軍事と行政を分離した。

本・小倉があげられよう。これらの都市は、小倉を除き徴兵制とともに鎮台《ちんだい》が設置された都市で、最初の師団設置都市ともなったもっとも古い軍都《ぐんと》である。小倉も徴兵制に先立つ鎮西《ちんぜい》鎮台▲の設置が計画された都市であり、徴兵制とともに小倉城内に歩兵連隊が設置されていた徴兵制以来の小軍都であった。

これらの初期軍都は、旧城とその周辺を中心に軍施設が設置されたために、一九一〇年代以降、都市の急速な発展とともに、軍用地との矛盾がもっとも深刻な形であらわれたのである。東京の場合は、明治二十年前後の第一師団移転によりすでにこの問題は一応解決しており、残る近衛《このえ》師団の問題は天皇制に直接かかわる領域であり、それ以上の移転要求は困難であっただろう。宇垣一成（陸軍大将）が、名古屋の師団移転要求に対し、「もし名古屋が強《し》て兵営移転を要求するならば余は根こそぎ他に移転すべきことを其筋に勧めむとす」（『密大日記』昭和四年）と挑戦的に述べ、大都市の兵営移転要求の気勢を殺《そ》ぐことを重視したように、都市中心部の軍用地問題は都市部市民の対軍世論を注視する陸軍にとって非常に重要な問題であった。

第二は、都市のインフラ整備との関係で生じた市内軍用地の一部払下げ・貸

▼鎮西鎮台　一八七一（明治四）年四月、太政官は、東京に御親兵《ごしんぺい》を、石巻《いしのまき》に東山道《とうさんどう》鎮台を、小倉に西海道《さいかいどう》鎮台をおく旨布告した。しかし、同年八月これら二鎮台を廃止し、改めて東京・大阪・鎮西・東北の四鎮台をおくこととしたが、その際、鎮西鎮台は当分のあいだ熊本におくが、本営《ほんえい》は小倉におくべきものとした。

下げ要求である。ここでのインフラは、交通機関・上水道や都市公園整備であり、大阪・熊本・金沢・姫路ほか、神戸や植民地都市としての高雄、あるいは事例としてはあげなかったが、産業基盤整備による軍用地移転の例としては台湾の基隆《キールン》などもその例としてくくられる。この種の軍用地問題は、上記第一の問題と比べて、より広汎な地域で起こりうる性格の軍用地問題であり、そのほかにも多くの類似例があると推測される。

第三は、東京の事例でみるような近郊地域が急速に都市化した場合に生じた軍用地問題である。東京市は一九一〇~二〇年代にかけ市内一五区の範囲を超えて郊外に発展し、一九三二(昭和七)年には三五区に拡大するが、一八八〇年代にそれら郊外地域に分散された軍施設が、ふたたびめぐって、郊外の都市的発展にとっての障害と意識されていったのである。これは、空間的に広がる都市化の先端における軍用地問題といえるだろう。

民衆生活・耕地開発と軍用地

第三点目に、民衆生活との関連や耕地拡大による生活向上の欲求などに注目して、軍用地をめぐる問題状況をみてみよう。舞台は主として都市以外だが、第二点目の問題を都市行政との関係に限定しているので、ここでは都市部の民衆的要求にかかわる問題も含めた。以下、これにかかわる問題の性格を、さらに小分類しながら事例を検討していく。

(1)として民衆の積極的な生活向上の要求を背景とする軍用地払下げなどの事例群である。一九〇八(明治四十一)年、熊本県上益城《かみましき》郡各村長より国有原野特売要求がだされ、陸軍の灰床《はいどこ》歩兵演習地計画と衝突した。国有林野払下げを受けて、牧場・開墾・造林地とする計画であった。同郡では、すでに前年に、中島《なかじま》村大矢野原《おおやのはら》演習地として国有地三九四町を増加拡張したばかりで、この地域での軍用地拡張目的は達成されたものとして同要求がだされていた。こうした民衆的要求は、日露戦後軍拡のなかでの軍用地拡張政策と、内務省中心に展開された、疲弊した地域経済・財政の立直し政策である地方改良運動との衝突、つまり国策相互の矛盾を示すものでもあろう。

この時期に繰り返し払下げ、ないし貸下げ要求がでたのは北海道の当麻《とうま》演習場である。まず、一九一一(明治四十四)年、当麻演習場付近の農家八二〇戸より、演習場用地開拓願いがでている。その背景には、一八九九(明治三十二)年に軍用地化されたにもかかわらず、一九一五(大正四)年にいたっても「当麻演習場にありては本来鬱蒼《うっそう》たる密林にして而《しか》も至る処雑草繁茂せる」(『乙輯』大正四年)と陸軍自身が認めざるをえない演習場の未整備状況があった。一九一七(大正六)年には東京や大阪などの植林業者・製紙業者から演習場立ち木払下げの願いがだされ、さらに不要ならば用地の払下げ・開墾と踏み込んでいる。当麻村民の払下げによる開墾の要望もだされ、そこでは、利用されていない軍用地を開放すれば軍用地に編入されたために狭隘な地域で困難な生活を送る地元民のためにも有益であり、かつ一万町歩の田畑が開墾されれば、「国家農産経済上」に資し、食糧問題の解決にも貢献すると、その理由を展開した。

このような当地住民の要望を背景とした願書は一九一九(大正八)年にも提出され、その当時もほとんど活用されていなかった演習場(全三二五八万坪、一万八五九町)のうち、五五〇〇町歩の貸下げを要望した。そこにも、付近住民の農業経営のために未開地を耕作したいが、それは暴騰する米の代用としての雑穀(一部米)生産という国益にもなり、社会政策的配慮でもあるという民衆レベルからの公益論が展開されていた。同様の論理は、食糧不足解消を目的とした田地開墾という「公益」のために、不要軍用地払下げ（または拝借）を求めた一九二〇（大正九）年の茨城県行方《なめかた》郡住民からの要望にもみられる。米騒動《こめそうどう》▲の時代を意識した民衆的公益・国益論からの軍用地払下げ要求であった。

都市部では、一九二三（大正十二）年、豊橋市内の陸軍省用地一万五〇〇〇坪の払下げ要求（旧射撃場跡地、全体では六万坪）が行われている。願い出人は市民ら五人、ここでも国家的産業である製糸工場設立用地として最適（豊橋の主力工業は製糸業）である、と国益が強調されていた（練兵場拡張予定地として却下）。

これらに対し、以下の二例は払下げ要求ではないものの、軍用地に対する民衆的要求の積極性を示すものである。一九一〇（明治四十三）年、第八師団長より陸軍大臣宛「弘前《ひろさき》射撃場西側の弘前市共有地買収の件」は、標題の共有地につき、〇七（同四十）年の歩兵第五二連隊設置の際、同連隊兵営敷地（一〇町歩）とともに献納された射撃場付属地（一四町）の隣接地域であり（図30）、本来であれば、この共有地は旧工兵隊敷地と交換するはずの土地であったが、旧工兵隊敷地も小演習場として必要なので市共有地の買収におよばざるをえないとしたう

▼**米騒動**　ここでは一九一八（大正七）年、米価の高騰を原因に日本全土に広がった民衆暴動をさす。地域によっては鎮圧のために軍隊が出動したが、陸軍を後ろ楯とした寺内正毅《てらうちまさたけ》内閣は退陣し、政《せい》友会《ゆうかい》の原敬《はらたかし》内閣が誕生した。

●──図30　第八師団射撃場付属地周辺図（『陸軍省大日記　乙輯』明治四十五年より）

えで、市共有地が生まれた経緯をこう記している。

元来弘前射撃場西側にある同付属献納《けんのう》地及弘前市共有地は弘前市及中津軽《なかつがる》郡の民有に属せし草地にして、其地形地物など頗《すこぶ》る諸兵種の小演習に適するを以て、旧来軍隊に於て常に野外演習の為使用せしか、明治四十年に至り人民某々の煽動により各所有者協同して演習より生ぜし損害賠償金約六千円を当部（第八師団）に要求し、郡市役所に於て百方之を訓諭する所ありしも其功を奏せず、遂に当部をして法庭（ママ）で争ふの已むなきを決意せしむるに至れり。（『乙輯』明治四十五年）

このため、郡市参事会は紛争を避けるために買収を決定、一部市有地化による土地交換と献納を行った。地域民衆の強硬な損失補償要求を前にした、軍と市当局の合作的対処であった。しかし上記の理由で土地交換は進まず、一方で軍隊はこの共有地を自由に演習に使用してきたので、市としてはこの地から租税もはいらず、軍隊に市有地を無償使用させる状態となった。このため市はこの問題の解決を第八師団に要求するにいたったのである。

また、以下の事例も軍用地による生活困難と同時に、軍と向きあう民衆の姿勢をみせてくれる。一九一五年七月、第一五師団経理部長より陸軍大臣宛「高《たか》師《し》原《はら》演習場整理の為土地交換に関する件」はこう記す。「当師管《しかん》高師原演習場」の一部に民有地が介在する個所や湾入して隣接する部分があるが、これらについては「諸隊演習上支障少なからざるのみならず、其の周囲には杭《がん》木を樹立し鉄線等を張り、之が為兵馬に損傷を来すことあり。又該民有地は演習場に生ずる砂塵を蒙り、殊《こと》に主産物たる桑葉の被害鮮少《せんしょう》ならざるを以て耕作者も非常に苦情の声を絶たず。且狡猾なる農民に在ては時に境界の標杭を移動し自己所有地を拡張せんとする等永遠に煩《わずらい》を貽《のこ》すものあり」（『乙輯』大正四年）と。

(2)として、地域民衆が軍用地をめぐって軍と向きあうとき、御料地《ごりょうち》を借用した軍用地の場合は、それまでの帝室林野管理局▲と地元の貸借契約の条件がほぼそのまま継続されることが多かった。土地の貸下げや雑種物の地元払下げなどの条件の継続である。このような軍用地としての御料地利用への拘束は、富《ふ》士裾野《じすその》演習場（静岡県）・高師原演習場（愛知県）・相馬原《そうまがはら》（群馬県）・金丸原《かなまるはら》（栃木県）などで確認できる。陸軍が軍用地として御料地を借用する場合は、宮内《くない》省▲から は、土地を変形する場合は帝室林野局の承認をえること、返還の場合は原形に

▼宮内省・帝室林野管理局　宮内省は皇室事務を所管するため一八六九（明治二）年に設置されたが、一八八五（同十八）年の内閣制度発足にともない内閣の外においたことで、国家機関ではなく、皇室の機関となった。内閣に管轄される戦後の宮内庁との相違である。帝室林野管理局は当初御料局として設置された皇室財産管理機関のうちの御料林の管理機関。一九〇七（明治四十）年に設置され、二四（大正十三）年帝室林野局と改称された。

復し返還すること、などの条件が付せられ、他方で、近世以来の入会《いりあい》的権利を認めてきた「帝室林野管理局と地方人民との間に存在する慣行」の相当部分が(少なくとも最初の借用契約では)継続されたのである。

このような事態が生じた背景には、軍用地としての御料地借用が行われた際に、地元側が従来からの御料地の貸借契約の継続を盾に対抗したことがあったからではないかと推測される。基底に入会権意識をもちつつ、軍との交渉の武器として宮内省との貸借契約を活用したと考えられるのである。ここからは、権力と向きあう地域側の戦術、と同時に調停者・仲介者として立ちあらわれる宮内省(天皇制)のポジションどりがみえてこよう。

(3)は、入会慣行への権利意識の継続である。(2)の問題とも重なるが、この時期には旧来の入会権を背景に、整理縮小の対象になりつつあった軍馬補充部用地を中心に各地で払下げ願いがだされていた。たとえば、軍馬補充部白河《しらかわ》支部用地は、以前は肥料・馬料・採草地として入会を許可されていたが、一九〇四(明治三十七)年に陸軍省管轄国有地になってからは入会ができなくなっていたとして、二〇(大正九)年、福島県西白河郡西郷《にしごう》村より、同村内軍馬補充部用地の払下げ、または貸下げの嘆願が提出されている。また、同年、宮城県玉造《たまつくり》郡温泉《おんせん》村は村会で同村内軍馬補充部用地の特売要求提出を決議した。要求の土地は、一九〇〇(明治三十三)年、軍馬補充部鍛冶谷沢《かじやさわ》支部用地として買い上げられた土地で山林原野三四〇町余りである。鍛冶谷沢支部縮小のため不要となった折をとらえ、「曩《さき》に買上たる縁故に因り」という点を根拠にして、村の基本財産として採草・放牧場などに利用したいというものであった。

事態は少し異なるが、鹿児島県では、地租改正《ちそかいせい》の際、官有に編入された始良《あいら》郡の所有地(七町)が一九一六(大正五)年に陸軍省馬政局用地とされたことをきっかけに、二一(同十)年以降、元所有者と陸軍とのあいだで係争が発生していた。同じ国有地でも、陸軍省管轄になることによる不利益への抗議であった。

(4)は軍用地が身近にあること、軍用地に組み込まれることに起因した生活困難や危険への民衆的抗議である。一九一一年、京都府長田野《おさだの》演習場(第四師団)に接続する地域の土地所有者から、実弾演習施行のためたえず弾丸が飛来し耕作に従事できないとして、実弾演習の中止もしくは耕地の買上げが嘆願された。一七人で耕作する約五町歩の演習場隣接地である。この土地付近は、福知山《ふくちやま》歩兵第二〇連隊設置以来演習地になってきていたものの、演習は頻繁でないために損害は大きくなかった。しかしこの嘆願の前年、一九一〇年に第四師団演習場として買い上げられて以来、この耕作者たちは住居移転を命じられたうえに、演習場には演習用廠舎も建設され、演習も頻繁となったことで所有地を「耕作するに甚だ困難」となり、標的建設地に近いこの「耕作地へは弾丸飛散し到底立ち入るべくもあらざるに連日御施行相成る向《むき》も少なからず、為めに耕作に従ふ日とては殆ど之なく」(『乙輯』明治四十五年)という状態となったことが、この行動の背景にあった。

ついで、一九一四(大正三)年、北海道茅部《かやべ》郡砂原《さわら》村民より森林演習場内の薪材払下げ願いがでている。従来この地は村有・民有地で、村民は樹木を薪炭材、漁具用材料などとして使用してきたが、一九一一年に陸軍演習場となって以来、唯一枯損木払下げだけが許可され、生木の伐採は禁じられた。しかし、枯損木資源は数年で枯渇、他地域からの木材購入もままならぬため、「村民全体の死命」にかかわる苦境として、自家用生木の払下げを要望したのであった。

一九一七年には、〇七年に種馬牧場用地として陸軍用地に管理替えされた青森県上北《かみきた》郡の国有地に対し地元から借用願いがだされた。理由は、従来から重要な生業であった地元民の馬匹育成上の困難を打開し、住民が放牧・採草に使用できるようにしたいということであった(結局、農商務省用地に復帰)。これら三例は、日露戦後軍拡が引き起こした、民衆の生活困難への不満がふきだしたものと考えられる。

第一次世界大戦後では、一九二〇年以降、第九師団立野原《たてのがはら》演習場内民有地(主として村の共有墓地)を、演習場内用地の一部と交換したいと関係村々が願い出している例がみられる。その理由には、毎年四月から十一月にいたる射撃実施は「逐次猛烈にして為に交通遮断のみならず偶々《たまたま》軍馬の踏荒すること少なからず」、「墓地保存上憂慮に堪えざる」(『乙輯』大正十二年)と記されていた。

また、一九二三年の第一五師団経理部長より陸軍大臣宛、天伯原演習場の一部を民有地と交換する件での伺には、「天伯原陸軍演習場には各所に民有地介在して演習に障碍となるのみならず耕作及採桑等のため地方農民等の交通頻繁となり、従て野砲兵実弾射撃演習等に於ける支障少なからず状況にあり。依て之れか整理は多年の懸案なるも未だ整理を実現するに至らざる次第に候処、今回……土地交換を出願する者之あり、調査の結果右民有地は野砲兵実弾射撃演習に際し屢々標的を設置する位置の付近にして其都度損害賠償等の類いあり、軍用地に組入れ方常に希望致居候地域に有之候」(『乙輯』大正十二年)と演習場付近の危険性が指摘されている。こうした要望への対応であろうが、この時期の陸軍は実弾演習地や弾薬庫付近の危険予防策を実施しようとした。

(5)は、地域民衆から軍への目的意識的な行為ではないが、民衆の生産・生活にかかわる日常的な営みが、結果として軍隊演習への制約を引き起こし、問題の解決を迫られたケースである。一九一八(大正七)年、第八師団は土地交換により新軍用地を取得したが、その理由として「弘前衛戍地付近の原野は目下悉《ことごと》く果樹園となり日常屯営《とんえい》付近に於ける野外演習地としては館野《たての》射撃場及練兵場の付近のみなり。然るに是亦其の地域狭小にして諸兵種共演習のため不利を感ずること少なからず」(『乙輯』大正七年)としている。弘前における第八師団の演習地確保問題はこれだけでは解決せず、一九二〇年にも騎兵第八連隊演習地確保のために、兵営付近の弘前市有地を不要な陸軍用地と交換して取得した。現演習地は地盤やわらかく演習に支障があり、「又た付近原野は近年著しく開墾せられ目下に於ては独り騎兵のみならず歩砲兵等に於ても陣中勤務其の他各種演習上好適の土地漸次不足となり教育演習上甚しく支障を来すに至れり」（『乙輯』大正九年）と、その背景事情が記されている。

徴兵制以来、陸軍は軍用地以外の土地、すなわち農閑期の田畑や民間所有の原野を一時利用して演習・教育を行ってきたが、市街地化・耕地化の急速な進展がこうした演習の障害となりはじめ、その解決のためにも、軍用地として、演習可能な土地を獲得しておく必要に迫られたのである。一九一九年、第二師団歩兵第四連隊も、その作業地が民家に囲まれ演習困難など教育上の支障をきたし、土地の交換による軍用地の整理を行っている。

土地収用法発動の急増

このような軍用地をめぐる民衆の交渉力、対軍部意識の変化は、土地買収交渉が決裂した結果を受けての国家権力の行使による強制的な土地所有権取得＝土地収用法（一九〇〇〈明治三十三〉年改正法）の適用、ないし土地収用法発動をちらつかせた土地買収の増加としてもあらわれ、とくに大正期後半に急増した。

その際、法の発動を誘発ないし収用補償額の増額を法廷で争った者もいたことは注目される。

以下、事例の一端を地域的にまとめて紹介する。まずは東京近郊での事例がめだつ。東京府下では、一九二三(大正十二)年一月、近衛師団経理部長が陸軍大臣に対し、立川《たちかわ》に新設予定の航空第五大隊敷地の買収用地のうち、土地所有者の一部(二人、一四町)が、「不当の高価を唱へ進んで収用法の適用を望む者ある等遂に折衝の余地なき」(『乙輯』大正十三年)として土地収用法の適用認可をうかがい、閣議はそれを了承した。また、軍工廠の関係では、一九一八(大正七)年、東京砲兵工廠板橋火薬製造所危険防止地確保のための民有地買収に際し、土地所有者の一部が「不当の価格を主張し」土地収用が行われた。関東の軍郷《ぐんごう》たる千葉県では、一九一八年、下志津《しもしづ》の野砲兵第一七連隊移転予定地で一人の所有者に対し土地収用を実施、二三年、君津《きみつ》郡での軍用鉄道敷設敷地買収に際し、土地所有者一人が「不当の高値を唱え」、妥協の余地なきとして土地収用が行われた。田は反当り三八〇円、畑三五〇円という陸軍の提示価格に対し、所有者は平均九〇〇円を主張するという大きな隔たりがあった。これに先立つ一九二一（大正十）年には、陸軍航空学校下志津分校敷地買収につき、一人の土地所有者に対し価格の点で折合いがつかず、陸軍は土地収用を申請した。このため、収用実施の手続きとして、千葉県収用審査会は賠償金二万二〇三円という額を決定したが、被収用者は翌一九二二（大正十一）年、三万三八九八円への増額を求めて訴訟を起こした。

東京周辺以外では、一九一四（大正三）年、第八師団山田野《やまだの》演習場内買収地の不承諾者三人に対し土地収用が実施された。物価騰貴の影響があらわれた一九一八～一九（大正七～八）年には、静岡県の三島《みしま》野戦重砲兵旅団敷地買収問題で、所有者五人につき土地収用法適用の閣議認定完了という圧力のもと、買収が行われた（合意成立で適用見送り）。同じ一九一八年、第五師団（広島）による野戦重砲兵第四連隊拡張敷地買収につき「不当の高値を主張」した土地所有者に対し土地収用が実施された。第二師団経理部は、一九一九年、尾花沢演習場が狭隘なため、従来借用してきた周辺民有地の買収による拡張を決定したが、三一人の地主中一人が、「買収の交渉に対し絶対に拒絶」し土地収用となった。この土地所有者は、耕地整理期成同盟会の評議員であり、素封家《そほうか》として買収予定地域の枢要部を有し、かつ所有面積も広大であった人物である。そして、「開墾を没却する演習場として提供するは利益の如何に係らず不忍」(『乙輯』大正九年)として代地の提供以外、交渉に応じない姿勢をとった。さきの愛媛県小野村の耕地整理組合長と同じく、軍事目的の土地買収に、耕作者としての論理を対置した買収拒否であった。

一九二〇(大正九)年には、第九師団野砲兵第九連隊兵営拡張(石川県石川郡野《の》村《むら》)に際し、買収交渉で「不当の高値を主張し到底買収の見込みなきに付」、土地収用法が適用された。新潟県の大日原《だいにちはら》演習場拡張地買収は二年越しの買収となった。一九二四(大正十三)年七月の第一三師団経理部長の陸軍大臣宛報告書によると、陸軍の一反歩五〇円の提示に対し、所有者側は一七〇円を主張、価格の点でおりあわず、陸軍は土地収用法適用を手続きし、その圧力のもと七四円で妥結(名目は移転補償費。交換土地を差し引き、一九万坪の買収)した。「殊に該地付近は最近小作《こさく》争議激甚となりたる結果、耕地経営者は減し、山林経営者漸増したる為め、耕地は却て下落せるも山林地価は比較的昂騰せる」(『乙輯』大正十三年)という事情が付記されており、農民組合・小作争議時代の農民的権利意識が、軍用地の獲得にも影響をあたえていた。

土地収用の強権は内地だけで発動されたわけではない。一九一八年、朝鮮での二個師団増設に関係して羅南《ラナム》軍用地(朝鮮半島北東部咸鏡北道)の獲得につき、「土地所有者に於て買収に応ぜざるに依り」土地収用が行われている。一九二一年には、飛行第六大隊(平壌)用の敷地買収の際、買収を拒む一部の土地所有者に対し収用地の官報公告を行い、その圧力で最終的に買収協議に応じさせた。

さきにも紹介した軍馬補充部雄基支部設置の際は、一九二一年、陸軍大臣より朝鮮総督府に対し、支部内民有地の一部に朝鮮土地収用令を適用するとの通牒を行っている。同支部予定地内の民有地は一一三万坪(四〇六ヘクタール)、土地所有者九二人で、うち七四万坪を所有する朝鮮人の地主が「軍の提示せる価格の十倍なるも買収に応ぜずと言ひ張るのみならず起業承諾も為さざるに依り」(『乙輯』大正十二年)土地収用令が適用(一九二三年に収用実施)された。民族独立の精神を背景にしているか、その土地から十分な利益をえ、かつ、さらなる開発の可能性をもつ場合は、植民地の軍権力を相手にしてなお、抵抗を示したということであろうか。

▼**土地収用令**　朝鮮では内地の法律は原則として施行されないため、土地収用についても朝鮮総督の命令である制令として定められた。

④―満州事変後の軍拡とその結果

満州事変期の軍用地

これまで『陸軍省統計年報』で陸軍軍用地面積の推移をみてきたが、この統計を利用できるのは一九三七（昭和十二）年版までである。これ以後敗戦までの軍用地を統計的に扱うことは不可能なため、見通しを提示するにとどめる。

表14は満州事変《まんしゅうじへん》期（一九三一〈昭和六〉年から三七年まで）の所管別軍用地の推移である。総計では、一九二〇年代の縮小傾向からゆるやかな拡大に転じている。所管別では、近衛《このえ》・第一・第三・第八・第一〇・第一二・朝鮮・台湾などの増大比率が相対的に高い。表12に戻り、同じ時期を使用目的別にみると、相変わらず最大比率を占める牧場（軍馬《ぐんば》補充地）が横ばい状態なのに対し、演習場・練《れん》兵場《べいじょう》・飛行場は着実に拡大した。最大面積を占める演習場に関しては、表13、および一九二七（昭和二）年と三八（同十三）年の比較により数的拡大も確認できる。とくに一本木原《いっぽんぎはら》（岩手）・北富士《きたふじ》（山梨）・蒜山原《ひるぜんばら》（岡山）など巨大な規模の演習場が、買収や軍馬補充地の用途転換により誕生したことが大きい。

●──表14　1930年代陸軍省所管地所管別坪数

	1931(昭和6)年	1933(同8)年	1935(同10)年	1937(同12)年
	万坪	万坪	万坪	万坪
大臣官房	3	3	3	3
築城部	3,745	3,762	3,834	3,976
造兵廠	229	229	231	236
千住製絨所	3	3	3	3
近衛師団	348	349	417	533
第1師団	1,126	1,157	1,234	1,893
第2師団	6,465	6,465	5,858	5,859
第3師団	1,509	1,543	1,701	1,798
第4師団	360	368	381	382
第5師団	649	629	633	653
第6師団	3,229	3,229	3,226	3,390
第7師団	23,611	23,436	23,442	22,241
第8師団	6,093	6,087	7,162	7,161
第9師団	297	346	345	347
第10師団	879	879	880	1,760
第11師団	462	462	486	502
第12師団	1,735	2,291	2,298	2,313
第14師団	318	321	322	331
第16師団	691	696	698	712
朝鮮軍	9,248	10,513	10,635	10,729
台湾総督府	1,312	1,378	1,462	1,541
関東都督府	463	463	463	463
支那駐屯軍	18	18	18	20
総　　計	62,800	64,637	65,743	66,857

『陸軍省統計年報』第43〜49回より。

●──図31　一九四一年関東軍飛行隊配備(防衛庁防衛研修所戦史室『戦史叢書　陸軍航空の軍備と運用(1)』より)

満州事変期は軍用地の総面積の点では微増だが、使途からみれば、牧場的な使用から実戦的面積が拡大していた。演習場・飛行場・射撃場・作業場を総計して一九三一年と三七年を比較すると、四〇・九%から四三・三%に増加している。一九一三（大正二）年当時のこれらの面積の比率は二三・七%であった。一九二〇年代以降の軍装備の近代化政策（総力戦準備）の急激な進展にともなって起こっていたことは、ゆるやかに旧来からの入会《いりあい》利用や民間の借用が認められてきた開かれた部分の軍用地面積が縮小し、実戦的訓練目的のために閉じた利用へ、周辺住民からみても危険性の高い軍用地への転換だったのである。

満州の軍用地

ところで、表14で気になるのは満州の軍用地である。関東都督府《かんとうととくふ》の所管面積は一九二〇年代から、満州事変後も変化がない。「満州国」設立という実質的な植民地《しょくみんち》支配の拡大は、軍用地の動向にどのような影響をあたえたのだろうか。詳しい状況はわからないが、若干の手がかりをみておこう。

まず一九三一（昭和六）年八月、満州事変直前の関東軍▲の配

▼**関東軍・独立守備大隊**　この時期の関東軍は、交代で派遣される駐箚一個師団と常駐の関東軍独立守備隊六個大隊の兵力構成だった。大隊はそれぞれ分散配置された。一大隊は四個中隊編制である。

置をみると、独立守備歩兵第一大隊《だいたい》▲が公主嶺《こうしゅれい》、同第二大隊奉天《ほうてん》、第三大隊大石《だいせっ》橋《きょう》、第四大隊連山関《れんざんかん》、第五大隊鉄嶺《てつれい》、第六大隊鞍山《あんざん》に、駐箚《ちゅうさつ》師団司令部と連隊は遼陽《りょうよう》・長春《ちょうしゅん》・奉天▲・旅順《りょじゅん》・公主嶺・海城《かいじょう》におかれていた。いずれも南満州鉄道、および朝鮮半島とをつなぐ安奉《あんぽう》線▲の沿線都市である。これらの都市および周辺に、陸軍統計に記された四六三万坪（約一五〇〇ヘクタール）の軍用地が確保されていたのである。内地《ないち》の小規模の師団《しだん》の軍用地に相当する総面積である。

他国のなかに、これだけ大規模な日本軍隊が常駐し、軍用地が確保され、当然のごとく演習が行われれば、トラブルが生じるのは避けられない。当時の関東軍の記録にも、海城の野砲兵連隊《やほうへいれんたい》の実弾射撃により中国人の九歳の少女を殺傷した事件（一九二九〈昭和四〉年九月）、同じ野砲兵連隊が教軍山射撃場で射撃演習中、跳弾により自宅にいた中国人女性を負傷させた事件（三〇〈同五〉年十一月）などが記されており、このほか軍用地の近接地での演習実施により、耕作地その他に損害や脅威をあたえたがための紛争が頻発した。

一九三二（昭和七）年九月十五日、日本政府は「満州国」を承認し、日満議定書《にちまんぎていしょ》がかわされた。その第二項は、「両国共同して国家の防衛に当る」ため「所要の

▼**奉天**　現在の瀋陽《しんよう》。清《しん》朝の旧都。

▼**安奉線**　南満州《みなみまんしゅう》鉄道株式会社（満鉄《まんてつ》）の経営路線で奉天と安東《あんとう》を結び、朝鮮半島の鉄道路線につながった。

日本国軍は満州国内に駐屯するものとす」と記されている。また、この議定書に基づく別協定(日満守勢軍事協定)により、日本軍は満州国領内で軍事行動上必要な自由を保障され、それにともなう「便益《べんえき》を享有す」と取り決められていた。その「便益」の一つが軍用地の提供であった。一九三四(昭和九)年六月、満州国国務院《こくむいん》(内閣)は軍用地提供経費を含む「国防費協同負担額は前年度一般会計総予算の一割を標準とす」との秘密決定を行い、あわせて「提供日本軍用地収得の為にする国有財産整理資金特別会計繰入は毎年百万円、今後一〇カ年継続の予定。尚ほ、右の外合して此《こ》の財源に充当すべき国有財産(土地建物)処分収入は各年を通じ五百万円」(『現代史資料▲』7)という見込みも立てられた。満州国の国有財産を処理して、日本軍の軍用地などの便益供与が行われたのである。

　この提供用地の重要部分として対ソ戦想定との関係で整備が重視された航空部隊用地が含まれたはずである。『戦史叢書▲ 陸軍航空の軍備と運用(1)』によれば、一九三七(昭和十二)年度現在の飛行中隊の配備数は、内地二四中隊に対し、台湾五中隊、朝鮮六・五中隊、満州一八中隊、総計五三・五中隊である。陸軍航空兵力の三分の一が満州に配備されていたのである。部隊配備地は、長春・

▼**『現代史資料』**　みすず書房から一九六二(昭和三十七)年から八〇(同五十五)年にかけて全四六冊が刊行された大正・戦前昭和期の総合的な歴史資料集。その後も『続・現代史資料』一二冊が刊行された。

▼**『戦史叢書』**　防衛庁防衛研修所戦史室(現防衛省防衛研究所戦史部)が一九六六(昭和四十一)年から八〇(同五十五)年にかけて編纂し、朝雲新聞社より全一〇二巻の構成で刊行された戦史。

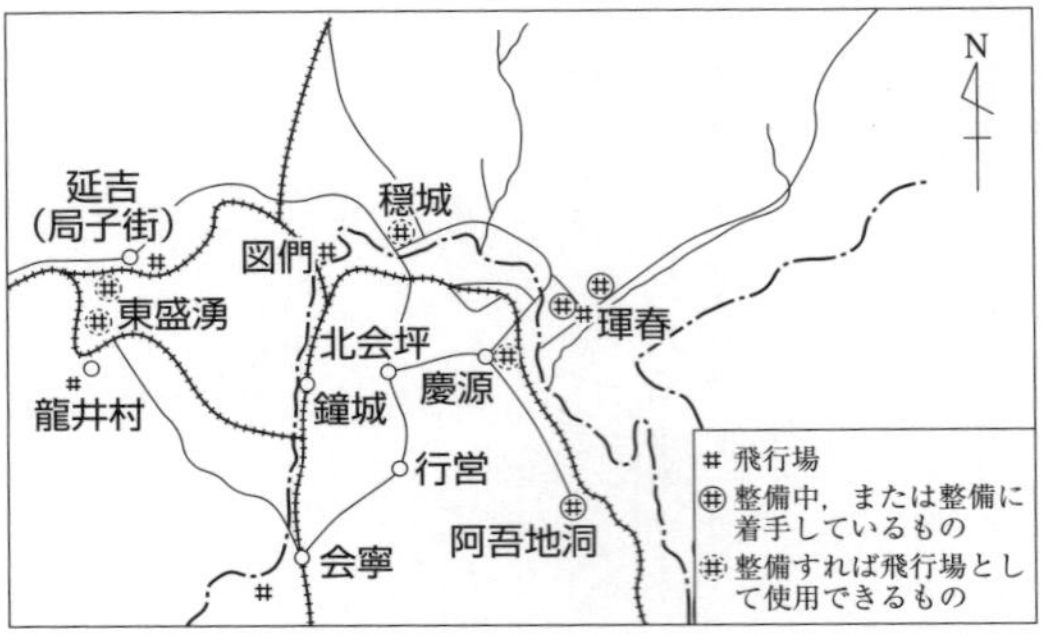

●―図32　朝鮮半島北東部および間島地域飛行場配置（一九三六年。防衛庁防衛研修所戦史室『戦史叢書　陸軍航空の軍備と運用(1)』より）

ハルビン・牡丹江《ぼたんこう》・公主嶺・チチハルなどで、対ソ戦を想定して満州北部に展開していた。飛行場は一九四一（昭和十六）年現在のものだが、図31が参考になる。満州南部の飛行場は奉天飛行場をはじめ旧来からの飛行場を含むが、部隊配備地・飛行場を北部方面に拡大しつつ日本軍に提供された（爆撃訓練場が付設されたと想定）。

すなわち、陸軍統計では、満州事変期の軍用地はゆるやかな拡大期とみえるが、満州を視野に含めると、対ソ戦開戦に備えた軍用地の拡大時期だったのではないかと思われる。図32は、これも対ソ戦に備えた一九三六（昭和十一）年における朝鮮半島東北部および満州間島《かんとう》省の飛行場配置図である。既設の四飛行場に加え三つの飛行場整備が進められ、さらに増設も計画されていた。軍用地は、ソ連の国境に近い朝鮮半島から満州東部・満州北部にかけて広域展開されていたのである。

日中戦争・太平洋戦争時の軍用地

一九三七（昭和十二）年以後の中国（満州地域を除く）での軍用地やアジア太平洋

●――図33　相模原町軍事関係施設（『神奈川県史』通史編5　近代現代2より）

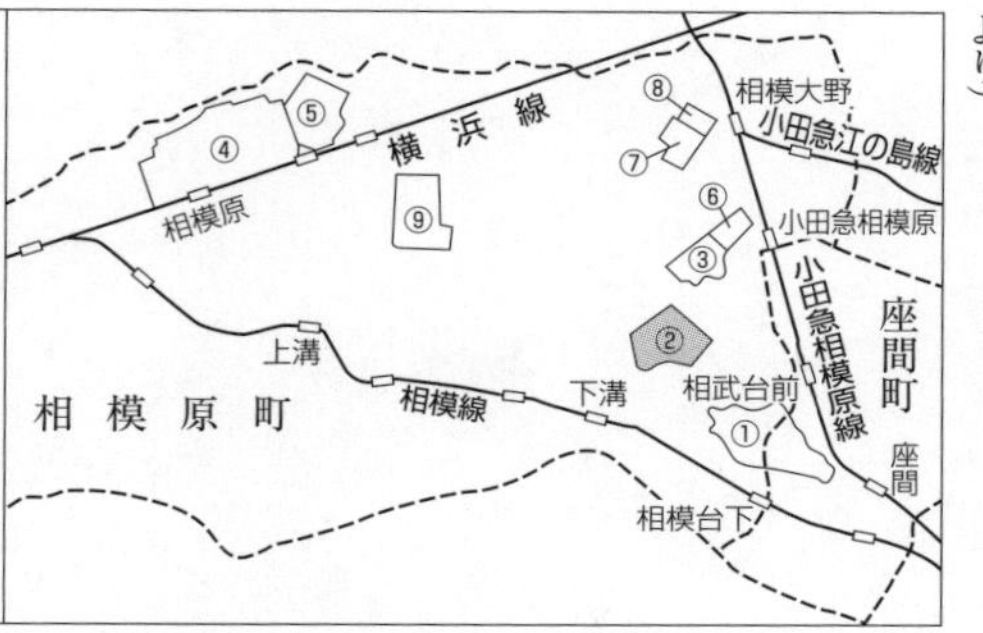

①陸軍士官学校（昭12）②同練兵場（昭12）③臨時東京第3陸軍病院（昭13）④相模陸軍造兵廠（昭13）⑤陸軍兵器学校（昭13）⑥電信第1連隊（昭14）⑦陸軍通信学校（昭14）⑧相模原陸軍病院（昭15）⑨陸軍機甲整備学校（昭18）

戦争期の全戦域に広がる軍用地の動向を追うことはきわめて困難である。この時期については、新型軍都《ぐんと》出現の問題と、敗戦時の軍用地の現状（付随して植民地・占領地《せんりょうち》への飛行場の拡大）を報告するにとどめざるをえない。

　上記で新型軍都と称したのは、これまでの師団司令部《しれいぶ》・歩兵《ほへい》連隊を主軸とする連隊設置により形成されてきた軍都と異なり、軍学校施設・軍工廠《ぐんこうしょう》・軍研究所・軍病院などを複合した軍事拠点地域の形成が政策的に推進され、周辺町村を合併させ軍都が計画的に創出されたからである。代表的な例は座間《ざま》町・相原《あいはら》村など一町七カ村の合併によって一九四一（昭和十六）年に誕生した相模原《さがみはら》町（座間町は戦後四八〈同二十三〉年に分離）で、図33のように三七年ごろから急速に集中し始めた軍施設を有する町村が軍都形成を目的に合併させられた町であった。

　主要施設の敗戦時点での面積は、①陸軍士官《しかん》学校一三〇町、②士官学校練兵場七八六町、③臨時東京第三陸軍病院三五町、④相模陸軍造兵廠一一七町、⑤陸軍兵器学校八四町、⑥電信第一連隊二九町、⑦陸軍通信学校五〇町、⑧相模原陸軍病院一九町、⑨陸軍機甲整備学校九八町（①〜⑨は図33の番号に対応）をあわせ一三四八町、神奈川県の軍用地面積の三割以上に達し、このほか、陸軍第四技術研究所(一七町)なども進出した(面積はほとんどが敗戦時)。

軍用地の規模は小さく計画性も低いが、日中《にっちゅう》戦争期以後、海軍工廠・海軍技術廠・海軍工作学校・海軍施設本部実験所などの大規模海軍施設が一挙に進出した沼津《ぬまづ》市およびその周辺もこうした新タイプの軍事都市化の例と考える。

敗戦時の軍用地面積については、一九四五(昭和二十)年十二月末に各府県から農林省開拓局に提出された『元軍用地に関する調査報告書』を整理した表15を掲げておこう。これには、これまで本書の叙述から除いてきた海軍の軍用地が含まれているが、米軍単独占領下の沖縄の報告はなく、植民地の軍用地の最終動向もわからない。また、この報告の目的が戦後の食糧増産のための開拓であるため、軍用地すべての列挙ではなく、開拓地になりうる用地のみを報告しているケースも少なくない。したがって、実際の軍用地はこの数値を上回るはずだが、開拓地となりうる軍用地は主要な、広い軍用地のため、内地の軍用地面積という点でみれば、それほどの過小見積もりとはならないと思われる。

陸軍の演習場は、坪換算では、二億六七九二万坪となる。表12一九三七年の演習場面積に比べ若干の増加という程度である。ただし、一九三七年の数字は植民地・沖縄を含むので内地の陸軍演習場面積も二割程度は増加したのではなかろうか。演習場一覧によっても、一九四〇(昭和十五)年、四五年と西富士・野辺山《のべやま》・八幡原《やはたはら》など巨大演習場が新設されている。これに、演習場一覧にみる植民地の演習場、あるいは戦争末期の射撃場設置をあわせると、演習場面積は、内地と植民地(ここでは朝鮮・台湾・関東州のみ)をあわせ、一九三七年との比較で数割の増加があったものと思われる。

急激にふえたのは飛行場面積である。陸軍飛行場として計上した面積と一九三七年の面積を比べるだけでも(植民地を除く)、五倍以上に拡大している。海軍の飛行場もほとんど戦争末期に設置されたものと思われる。なお、航空として計上した面積は陸海軍別がわからない場合である。

軍馬補充部用地は、朝鮮半島の軍用地を含まないにもかかわらず、一九三七年の数値からやや増加している。北海道への集中ぶりをみると、戦時下に北海道での軍馬補充地の比較的大規模な拡大があったと想定されよう。

表16は、敗戦時の陸軍工廠面積である。陸軍統計の一九三七年の造兵廠面積は二二三六万坪、これに対し敗戦時の陸軍工廠敷地面積は一四三四万坪となる。

大分	5,095						956	7,348
宮崎		2,330	5,799	8,307		800		9,107
鹿児島	268	700		984	2,783	2,783		3,767
総　計	88,416	26,764	107,248	232,625	21,494	34,255	13,363	290,060

農林省開拓局管理課『元軍用地に関する調査報告書』(昭和20年12月末各都道府県原議,防衛研究所図書館所蔵)より。

備考:「航空」は陸海軍とは別に,航空局が管理している軍用地として記載されている場合であるが,陸海軍の区別が判明しない飛行場もここに記載した。「陸海軍」の欄の計は,その他の軍用地面積を含んだものである。県によっては,「陸海軍」「航空」の総計があわない場合がある。「総計」の記載は,原資料に総計の記載がある場合には,その記載に従っている。また,「演習場」「飛行場」などの計算は,小数点以下切捨てした数字の合計である。北海道と熊本には,米軍使用中ということで面積記載のない飛行場がある。

●──表16　敗戦時陸軍工廠敷地面積

	ha		ha
岩手	4	京都	110
宮城	1,294	大阪	739
群馬	106	兵庫	317
埼玉	535	鳥取	13
東京	280	島根	26
神奈川	119	広島	74
静岡	41	福岡	50
愛知	99	熊本	308
岐阜	39	大分	531
三重	20	計	4,732
富山	27		

陸軍兵器行政本部「主要軍需品製造施設一覧表(官の部)」(日本兵器工業会資料『旧陸軍施設関係綴』〈防衛研究所図書館〉所収)より。
面積は一部を除き,総面積ではなく利用面積。名古屋陸軍造兵廠鳥居松製造所・同勝川工場(愛知県),大阪陸軍造兵廠第四製造所第一工場(京都府)については敷地面積の記載を欠く。

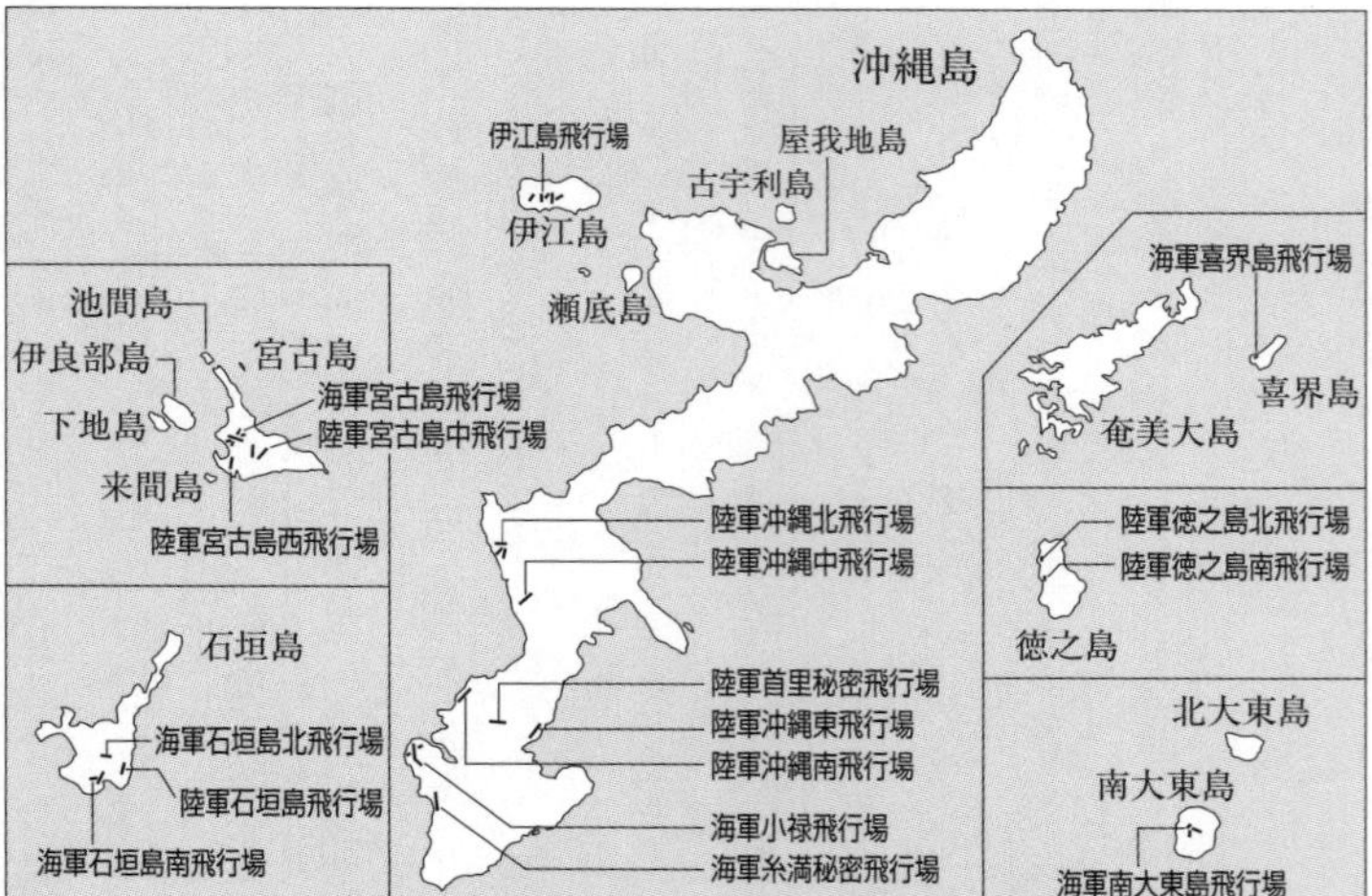

●──図34　沖縄戦前夜の沖縄県軍施設(『沖縄県平和祈念資料館総合案内』より)

●──表15　敗戦時軍用地調べ

県名	陸軍				海軍		航空	総計
	演習場	飛行場	軍馬補充部	計	飛行場	計		
	町	町	町	町	町	町	町	町
北海道	22,307	3,484	70,386	96,177	8,701	11,277		107,454
青森	1,700	880	9,340	12,256	2,294	2,294		14,542
岩手	2,768	2,586	7,861	13,555				13,555
宮城		270	3,700	8,300	300	700	30	9,300
秋田	388	1,000		1,410				1,410
山形	293	151		492	220	220		712
福島	700	735	7,700	9,215	500	500		9,715
茨城							6,517	7,188
栃木	539	1,084	2,462	4,585				4,585
群馬	2,200	800		3,000				3,000
埼玉		468					1,680	3,470
千葉	3,736	1,480		5,286	907	1,207		6,493
東京							2,180	2,633
神奈川	711	253		2,562	305	1,547		4,110
新潟	3,633			3,837				3,837
富山	423			493			154	647
石川	191	481		1,824				1,824
福井	542	126		724				724
山梨	4,000	145		4,165				4,165
長野	3,617	436		4,053				4,053
静岡	12,078	2,170		15,601	418	542		16,150
愛知	3,350	825		4,583	1,150	1,150		5,733
岐阜	393			564				564
三重	408	590		1,302	540	1,548		2,851
滋賀	1,067	481		1,586		143		1,729
京都	679			948		425	97	1,407
大阪	450	763		1,591				1,591
兵庫	860	736		2,193	377	541		2,734
奈良				5		224		229
和歌山		20		79	25	145		224
岡山	7,384	100		7,813	213	213		8,026
広島	1,783			2,578		2,566	459	5,604
鳥取				46	326	339		385
島根		1,450		1,495			300	1,795
山口	902	413		1,930	359	1,918		3,849
徳島	256			287		142	400	829
香川	825			1,048			590	1,638
愛媛	130			175	444	444		619
高知				67	336	351		419
福岡	1,140	587		2,424	760	760		3,184
佐賀	200	230		494				494
長崎	400			481	536	1,476		1,957
熊本	3,000	990		4,110				4,410

それぞれの統計の内容を検討しないと単純に比較はできないが、それにしても陸軍工廠用地が急速に拡大したことは疑いようもない。海軍工廠や陸海軍の技術研究所などをあわせ、製造部門と研究部門の陸海軍施設面積もまた旧来の戦時にはなかった増加率をみせていたのである。

両表に一部重複があるが、表15と表16を合計すると沖縄を除く内地の敗戦時軍用地面積▲は三〇〇〇平方キロに近い。東京都や神奈川県の面積を優に上回る面積である（両県合計面積の約三分の二）。東京の一つの区ほどの軍用地は、ほぼ七〇年をへてこれほどに拡大したのである。

▼**敗戦時軍用地面積**　大蔵省『昭和財政史』（統計編）によれば、大蔵省が陸海軍から引き継ぎを受けた軍用地総面積は、三二七六平方キロである。

なお、沖縄県がまとめた『旧日本軍接収用地調査報告書』によれば、沖縄で「旧日本軍が接収し、現在国有地になっている土地」は四二八万坪（約一四一四ヘクタール）で、主要な軍用地は図34のように飛行場であった。

植民地と戦場の軍用地

植民地と戦場となった地域への航空部隊の展開について若干補足しておこう。『戦史叢書　陸軍航空の軍備と運用⑵』の付表に、一九三八（昭和十三）年から四一

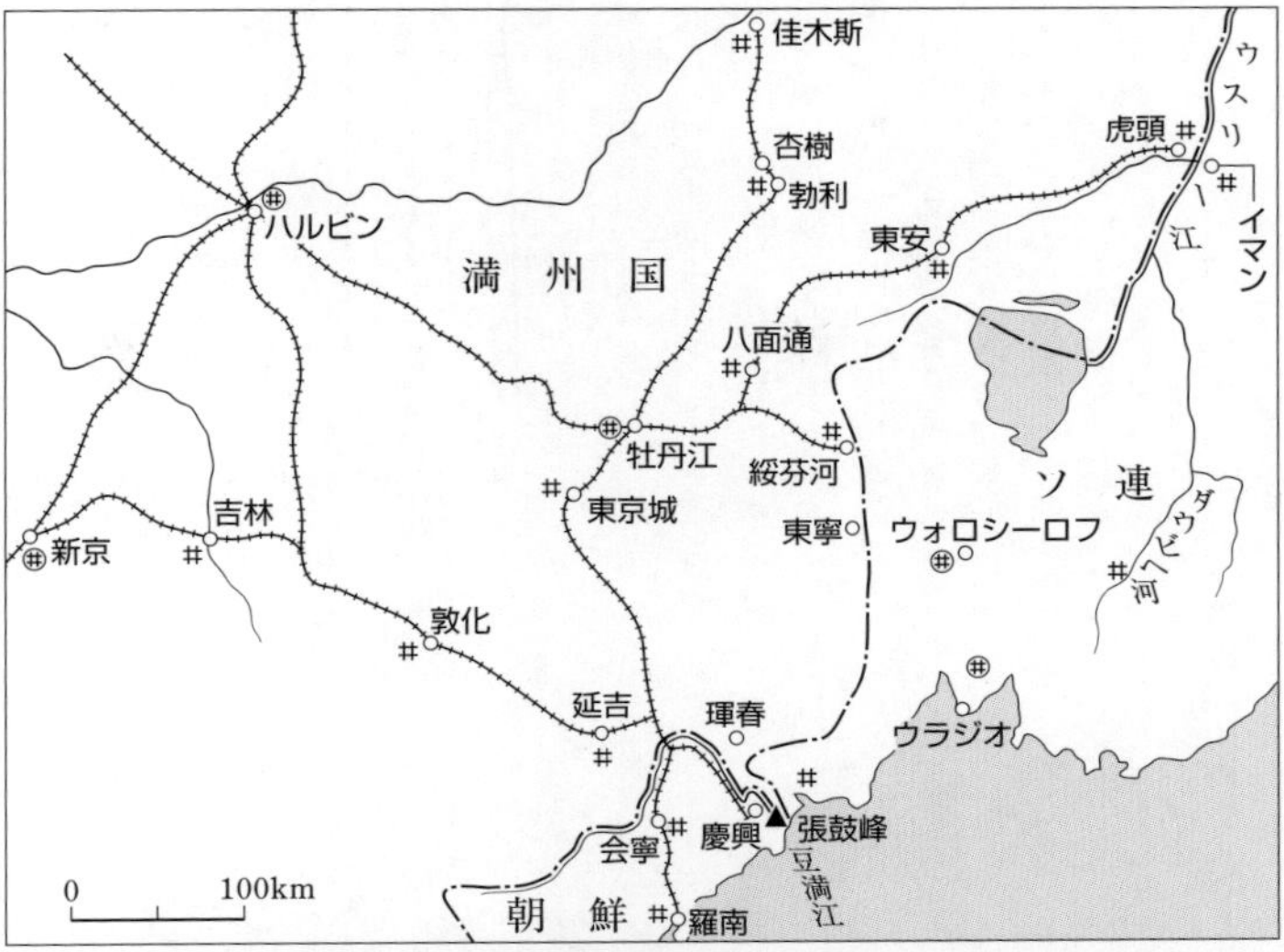

図35　1938年当時の満州航空情勢図（防衛庁防衛研修所戦史室『戦史叢書 陸軍航空の軍備と運用(2)』より）

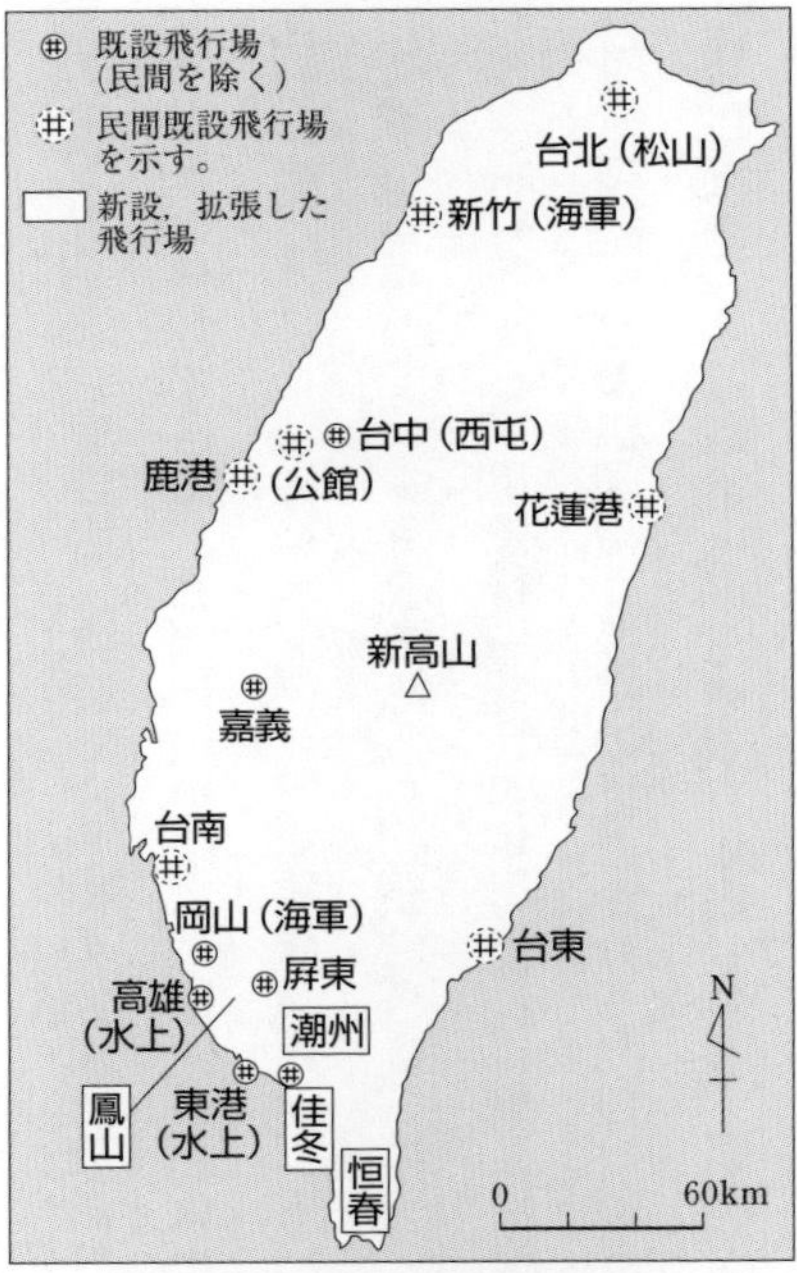

図36　1941年台湾飛行場配置（同上）

●──表17　各方面の作戦中隊数

年　月	内地	満州	中国	計
1938年3月	10	18	24	52
1939年3月	12	34	25	71
1940年3月	8	66	17	91
1941年3月	14	72	23	109

防衛庁防衛研修所戦史室『戦史叢書　陸軍航空の軍備と運用(2)』より。
備考：表中の中国は出典の文献では「支那」。

▼**張鼓峰事件**　一九三八年七～八月、「満州国」とソビエト連邦(一九一七～九一年)国境の豆満江《とまんこう》河口付近(図35の朝鮮との境界付近)で起こった日ソ両軍の武力衝突事件。日本軍が攻撃を開始したが、ソ連軍の反撃を受け、短期間で停戦、日本軍は撤兵した。

(同十六)年まで(太平洋戦争開戦前)の「各方面の作戦中隊数」表がある(表17参照)。この時代の航空部隊の運用では、台湾の航空部隊は内地に、朝鮮の航空部隊は満州に含まれているが、日中戦争にはいると、航空部隊の大半が満州と中国の戦場に展開していき、しだいに対ソ戦に備えて満州に集中(三分の二が集中)していった。飛行場の設置位置は、さきの一九四一年当時の図31と張鼓峰《ちょうこほう》事件▲当時の図35をあわせるとほぼ確認できる。台湾については、図36から太平洋戦争開戦直前の南方《なんぽう》作戦準備(フィリピン作戦)で飛行場が新設・拡張、さらに民間飛行場も徴発されて軍用となっていくさまをみることができる。

　太平洋戦争開戦後、飛行部隊と軍用飛行場は日本軍の侵攻対象となった東南アジアに広く設置されていく。前出『戦史叢書』の付表から一九四一年十二月の「各方面の飛行中隊数」を拾うと、総計一四三の飛行中隊(教育隊を除く)のうち、南方七八、中国(原文支那)一三、満州三七、内地一五である。戦力の半分が南方に展開し、他方で相変わらず関東軍飛行部隊が大きな勢力を誇った。日中戦争・太平洋戦争の大半の時期、軍用飛行場は、朝鮮半島から満州・中国本部・東南アジアに展開していたのである。

戦後へ

敗戦による陸海軍の解体は軍用地の消滅を意味しなかった。占領軍《せんりょうぐん》による、旧軍施設を中心とする接収が行われ、その多くが占領行政施設としてではなく、軍隊施設として使用されたからである。旧軍施設面積との対比で、占領軍の軍事使用面積がどの程度に達するのかを明らかにするのは困難なため、以下、占領軍の接収施設が面積を含めて掲載されている二つの県史のデータを利用して、この点を検証してみよう。ただし、占領軍の接収は地域ごとに大きな差があり、平均でもモデルでもない、「ある事例」にすぎない。

第一は、埼玉県である。表18のように、主要な軍用地の多くが占領軍に接収され、接収地区によっては拡大していることがわかる。単純比較で面積比は、五六%となる。埼玉の軍用地の多くは、日中《にっちゅう》戦争から太平洋戦争の時期に設置されているが、その拡大結果の過半が敗戦後も軍用地として引き継がれたのである。沖縄戦を前にして急増した沖縄の軍用地の多くが占領後の米軍用地となっていった過程と同様の事態が起こっていたわけである。

第二は、滋賀県である(表19)。この県の場合は、軍用地面積が二割以上拡大しているが、その原因は饗庭野《あえばの》演習場の大幅拡張である。日本軍に比べ装備能力が高い米軍の場合、日本軍使用時より広い演習場を必要とした。全体的には演習場の整理・廃止が進んだが、東富士《ひがしふじ》演習場▲が旧富士裾野《ふじすその》演習場当時より大幅に拡張されたように、引き継がれた拠点演習場は、拡張されることもあったのである。

日米安保《にちべいあんぽ》条約▲に基づく全国レベルでの米軍への提供施設面積でみておくと(復帰までの沖縄は含まない)、一九五二(昭和二十七)年四月の条約発効時点で一三万五二六三ヘクタール、五年後の五七(同三十二)年三月末現在で、一〇万五三九ヘクタールとなり、六〇年代にはいると、一挙に三万ヘクタール台に減少した。

▼東富士演習場　戦前は陸軍富士裾野演習場と呼称。一九四七(昭和二十二)年以降、占領軍が使用を開始し東富士演習場と改称。一九五二(昭和二十七)年以降は米軍演習場(キャンプ富士)となる。一九六八(昭和四十三)年から北富士演習場をあわせて東富士演習場とし、陸上自衛隊の主管になる。

▼日米安保条約　日米安全保障条約の略。一九五一(昭和二十六)年にサンフランシスコ平和条約と同時に調印され(翌年四月発効)、米軍の駐留と米軍への基地の提供を定めた。この提供された基地や演習地域を「施設」あるいは「区域」と呼ぶ。一九六〇(昭和三十五)年、日本の領域に限定した共同防衛規定などが盛られた改訂が行われた。

●—表18　敗戦時の軍用地と占領軍の施設接収比較１（埼玉県）

敗戦時軍用地		町	占領軍接収地		ha
朝霞予科士官学校	北足立郡朝霞町	400	キャンプ・ドレイク	朝霞・大和・新座	464
桶川飛行場	北足立郡川田谷村	70	大和田受信所	北足立郡大和田町	119
豊岡士官学校	入間郡豊岡町	302	ジョンソン飛行場	入間川・豊岡町	467
松山飛行場	比企郡唐子村	188	大宮兵器補給分廠	大宮市	16
第二造兵廠明戸工場	大里郡明戸村	130	浦和住宅地区	浦和市	1
第二造兵廠深谷工場	大里郡深谷町	130	大宮住宅地区	大宮市	38
第二造兵廠櫛引工場	大里郡本郷町	350	大和田弾薬庫	北足立郡大和田町	6
荻島飛行場	南埼玉郡荻島村	210	中央工業会社地区	北足立郡大和町	17
高荻飛行場	入間郡高荻村	230	高射砲陣地	高荻・宮寺・福原村	19
坂戸飛行場	入間郡坂戸村	232	坂戸送信所	坂戸町・鶴ケ島村外	247
所沢飛行場	入間郡所沢町	384	所沢飛行場・キャンプ所沢	所沢町	308
狭山飛行場	入間郡東金子村	226	狭山送信所	宮寺村・元狭山村	55
丹荘飛行場	児玉郡丹荘村	248	坂戸無線送信所	坂戸町	4
三尻飛行場	大里郡三尻村	324	キャンプ・ホイチングトン	大里郡三ケ尻村	197
三尻滑空場	大里郡三尻村	36			
三尻特攻基地	大里郡三尻村	10			
計		3,470	計		1,958

備考：農林省開拓局管理課『元軍用地に関する調査報告書』(防衛研究所図書館蔵)，『新編 埼玉県史　通史編７』より作成。1952年までの設置施設。

●—表19　敗戦時の軍用地と占領軍の施設接収比較２（滋賀県）

敗戦時軍用地		町	在日米軍提供施設(1958年現在)		ha
饗庭野演習場	高島郡今津町ほか	1,067	饗庭野演習場	高島郡今津町ほか	2,013
船木飛行場	高島郡本庄村	14			
皇子山射撃場	大津市	14	皇子山住宅地区	大津市	19
陸軍少年飛行学校	大津市	24	大津南・北射撃場	大津市	10
八日市飛行場	神崎郡八日市町ほか	360	大津水耕農園	大津市	53
長谷野爆撃場	蒲生郡市辺村ほか	107	キャンプ大津	大津市	62
大津航空隊	大津市	134			
多賀滑走路	大上郡多賀町	9			
計		1,729	計		2,157

備考：農林省開拓局管理課『元軍用地に関する調査報告書』(防衛研究所図書館蔵)，『滋賀県史　昭和編 第２巻行政編』より作成。提供施設は，坪を ha に換算。

しかし、これら米軍接収地の一部は自衛隊《じえいたい》▲に引き継がれ、あらたな取得用地を加えて自衛隊の戦後版「軍用地」が形成されていく。この面積の確定もむずかしいが、表20は、保安隊《ほあんたい》▲から自衛隊に変わってまもないころの「軍用地」拡大状況を示している。陸軍演習場一覧とつきあわせてみると、かなり多くの戦前演習場が復活しており、いったん軍用地と化すと、国家的軍事力が維持されるかぎり非軍用地への転換がむずかしいことを物語っていよう。一九五〇年代末までの自衛隊演習場・射撃場・飛行場の総面積は、使用承認地などを含み四万九一八一ヘクタールとなる。敗戦時の沖縄を除く日本列島上の演習地・飛行場総計(陸海軍計)は一五万三七ヘクタールであった(町＝ヘクタールとする)ので、ちょうど三分の一、三三%を占める。再軍備が始まってわずか一〇年で、自衛隊の「軍用地」はこの水準に達していたのである。

最後に表21で軍用地の現在を確認しておこう。第一に、軍用地総面積では、日露《にちろ》戦後の水準、ないし一九二〇年代の軍用地から植民地《しょくみんち》を除いた面積に近い水準に達している。一九二〇年代の軍用地の半分近くは現在の軍用地にはない牧場であるから、直接の軍事目的に使われる軍用地の部分(とくに演習場や飛行

▼自衛隊・保安隊　一九五〇(昭和二十五)年の朝鮮戦争開始後マッカーサー指令に基づき設置された警察予備隊は、日米安保条約締結時の防衛力漸増義務に従って、五二(同二十七)年に保安隊(一一万人)に改組された。そして二年後、米国とのあいだで相互防衛援助協定(MSA協定)を受け、さらに軍事力を拡大して陸海空三軍をもつ自衛隊を創設した。

●—表20　自衛隊初期の演習場整備状況

年次	演習場				射撃場		飛行場	
	小演習場	中演習場	大演習場	面積	射撃場	面積	飛行場	面積
				ha		ha		
1953	日吉原・名寄・留萌・大多武・鹿屋・国分台・小谷・幌別	然別		1,473 *187*	亀田・千歳・孫別・鷹栖・名寄・留萌・幕別・別保・飯島・郡山・舟島・宇都宮・大桑・豊川・久居・大久保・福知山・姫路・米子・出雲・海田市・池田・高ケ峰・鹿屋・小月・福島・城南・柏	153 *14*	目達原	32
54	駒ケ岳・孫別・新屋・水原・多田野・勝田・大日原・長尾山・長田野・久居・小野村・三小牛山・高良台	上富良野・白河布引山・関山・霧島	北海道	7,977 *2,105*	千歳小火器・灰塚・藤山・内野・金沢	1,172 *608*	旭川・明野	142
55	高峰・日光	岩手山		6,981	倶知安・高屋	46	松島・宇都宮・霞ケ浦・浜松・築城	111 *204*
56	紅葉山・滝川・池田・釧路・大高根・黒石原・福山	十文字原・饗庭野		682 *1,535*	丸山・松本・富士・山口・黒髪・岩手	50 *15*	健軍・館山	64 *42*
57	原村・江別・枝川・習志野・針尾・放虎原	日本原・大矢野原・大野原・青野原	日出生台・王城寺原	3,552 *9,415*	新十津川・東根・大波・早岐・花園・大分・国分・勝田	351 *4*	帯広・丘球・八戸・仙台・静浜・徳島・防府・小月・大村・鹿屋・大湊	1,917
58	銭函・近文台・信太山・長池	相馬ケ原		1,474 *997*	上富良野・美幌・藤原・信太山・武山	22 *8*	計根別・新田原・八雲・岐阜	753 *28*
59	マサリベツ・千両	鬼志別		6,354	真駒内・日野・大津北・徳力・六カ所	168 *71*		474
計				28,493 *14,239*		1,962 *720*		3,493 *274*
総計				42,732		2,682		3,767

防衛庁『自衛隊十年史』より作成。斜字は使用承認または所管手続中の大蔵省所管普通財産。「飛行場」については，このほか民間航空と共同使用の飛行場面積921ha。演習場につき，「小演習場」は25万坪，「中演習場」は250万坪，「大演習場」は3,000万坪が基準。

●——表21　米軍専用施設面積と自衛隊施設面積

年次	米軍専用施設面積			自　衛　隊			軍　用　地　計		
	本　土	沖　縄	計	本　土	沖縄	計	本　土	沖　縄	総　計
	ha	ha	ha	ha	ha	ha	ha	ha	ha
1972	19,699	27,850	47,549						
94	8,060	23,739	31,799						
97	7,902	23,498	31,400	106,846	648	107,495	114,800	24,908	139,709
2002	7,903	23,360	31,263	107,387	637	108,024	115,343	24,340	139,683

備考：沖縄県『沖縄　苦難の現代史』，沖縄県『駐留軍用地の今・昔』，沖縄県『沖縄の米軍基地』(1998年)，沖縄県『沖縄の米軍基地』(2003年)より作成。「軍用地計」は，共同使用施設面積を除き，共同でない一時使用施設面積を加えたもの。

場)はむしろ拡大しているといえよう。敗戦時の内地(沖縄を含む)軍用地との比較でも、軍馬《ぐんば》補充地を除いた面積の七割程度には達していよう。

第二に気づくことは沖縄への異常な集中である。沖縄には米軍専用施設面積の四分の三が集中しているとして日米安保体制下での沖縄の過剰負担がつとに指摘されるが、軍事目的で使用されている土地面積という視点でみると、実はこの国土面積の〇・六%しかない小さな県に、日本列島上の軍用地の一七%もが集中しているのである。日本の敗戦時の沖縄の軍用地をさきにみたように一四〇〇ヘクタールとすると、現在の沖縄の軍用地はその一七倍となる。この例外的な軍用地の拡大ぶりが、沖縄の占領戦後史のすさまじさを雄弁に物語っているとともに、日本の戦後安全保障政策の特異性を示していよう。なお、米軍使用施設面積は、さきに示した専用施設だけでなく一時使用施設を含めると一〇万一〇八一ヘクタールとなる(二〇〇二〈平成十四〉年三月現在)。沖縄が占める割合は、二三・五%、北海道がさらに大きく、三四・一%を占める。かつて内《ない》国《こく》植民地といわれた両地域に、戦後軍用地が集中しているさまがみてとれる。

第三に、前記のように一時使用施設面積を加えると、米軍の基地面積は一〇万余ヘクタールとなり、自衛隊の施設面積とならぶ。これは、約七万ヘクタールの自衛隊施設を米軍が共用しているからであり、日本列島上の軍用地の半分は二つの国の軍事力が共有する、戦前には考えられなかったタイプの軍用地であることを示している。日米安保条約という二国間軍事同盟は、このような共有軍用地の広がりとして展開してきているのであり、それは現在の日本国家の性格の一端を示していよう。

『陸軍省統計年報』(1887〜1937年, 日本図書センターマイクロフィルム版)
『陸軍省壱大日記』(防衛研究所図書館蔵)
『陸軍省大日記　乙輯』(防衛研究所図書館蔵)
『陸軍省大日記　甲輯』(防衛研究所図書館蔵)
『陸軍省密大日記』(防衛研究所図書館蔵)
農林省開拓局管理課『元軍用地に関する調査報告書』(1945年, 防衛研究所図書館蔵)
日本兵器工業会資料『旧陸軍施設関係』(防衛研究所図書館蔵)
図録
国立歴史民俗博物館編『佐倉連隊にみる戦争の時代』(特別企画展図録) 2006年
仙台市歴史民俗資料館『戦争と庶民のくらし』(企画展図録) 2001年
沖縄県『沖縄県平和祈念資料館総合案内』2001年

●――写真所蔵・提供者一覧(敬称略, 五十音順)

愛知大学　　カバー裏
青森県『青森県史』資料編近現代２　　扉
青森県『青森県史』資料編近現代３　　p. 11
青森県環境生活部県民生活文化課県史編さんグループ　　p. 34
旭川市立図書館　　p. 38
(株)旭川冨貴堂　　p.36下
石川県立歴史博物館・金沢市『金沢市史』通史編３近代　　p. 30上
石川県立歴史博物館　　p. 29
今村元市編著『ふるさとの想い出写真集　明治大正昭和　小倉』　　p. 32
小野市立好古館　　p. 44
仙台市歴史民俗資料館　　p. 13, 14中・下, 15
姫路市市史編集室　　カバー表
兵庫県立歴史博物館(高橋秀吉コレクション)　　p. 31
広島県立文書館　　p. 18
丸亀市立資料館・善通寺市『善通寺市史』第3巻　　p. 36上
山本三生編『日本地理大系４　関東編』　　p. 9
陸上自衛隊善通寺駐屯地　　p. 35

山下龍門編『当麻村史　下』1945年
美瑛村『美瑛村史』1917年
青森県『青森県史』資料編近現代２・３, 2003・04年
弘前市『新編弘前市史』資料編４・５・通史編４近・現代１, 1997・2002・05年
宮城県『宮城県史』７警察, 1960年
仙台市『仙台市史』特別編４市民生活, 1997年
埼玉県『新編埼玉県史』通史編７, 1991年
所沢市『所沢市史』下・近代資料Ⅱ・現代史料, 1992・88・90年
千葉県『千葉県の歴史』資料編近現代２・通史編近現代２, 2000・06年
東京都『東京百年史』第２巻・第３巻, 1979年
千代田区『千代田区史』中巻, 1960年
相模原市『相模原市史』第４巻, 1971年
神奈川県『神奈川県史』通史編５近代現代２, 1982年
金沢市『金沢市史』資料編11近代１・通史編３近代, 1999・2006年
山梨県『山梨県史』通史編６近現代２, 2006年
愛知県『愛知県史』資料編26政治行政３, 2004年
名古屋市『新修名古屋市史』第５巻・第６巻, 2000年
三重県『三重県史』資料編近代２政治行政Ⅱ, 1988年
滋賀県『滋賀県史』昭和編２行政編, 1974年
京都市『京都の歴史８　古都の近代』学藝書林, 1975年
大阪市『新修大阪市史』第５巻・第６巻・第７巻, 1991・94年
小野市『小野市史』第３巻本編Ⅲ・第６巻史料編Ⅲ, 2004・02年
姫路市『姫路市史』第５巻上本編近現代１・第５巻下本編近現代２, 2000・02年
広島市『広島市史』第４巻, 1922年
広島市『新修広島市史』第２巻政治編, 1958年
善通寺市『善通寺市史』第２巻・第３巻, 1988・94年
北九州市『北九州市史』近代・現代　行政社会, 1987年
熊本市『新熊本市史』通史編第５巻・第６巻・第７巻, 2001・03年
宮崎県『宮崎県史』通史編近現代１・通史編近現代２, 2000年
沖縄県『駐留軍用地の今・昔』1996年
沖縄県『沖縄の米軍基地』1998年
沖縄県『沖縄の米軍基地』2003年

史料

『陸軍省年報』(第１～12年, 1875～86, 龍渓書舎)

●——参考文献

研究書・資料集

荒川章二『軍隊と地域』青木書店, 2001年

本康宏史『軍都の慰霊空間』吉川弘文館, 2002年

上山和夫編著『帝都と軍隊』日本経済評論社, 2002年

河西英通「地域の中の軍隊」『岩波講座アジア・太平洋戦争 6 』岩波書店, 2006年

神田文人「千葉県下の軍事施設及び演習場」『千葉県史研究』創刊号, 1993年

塚本学「城下町と連隊町」『国立歴史民俗博物館研究報告』第131集, 2006年

佃隆一郎「昭和恐慌期における名古屋第三師団移転問題について」『愛知県史研究』第 7 号, 2003年

藤本利治・矢守一彦『城と城下町　生きている近世 1 』淡交社, 1978年

宮地正人「佐倉歩兵第二連隊の形成過程」『国立歴史民俗博物館研究報告』第131集, 2006年

豊島緑「沖縄の旧軍飛行場用地問題」沖縄国際大学大学院修士論文, 2006年

大城将保「第32軍の沖縄配備と全島要塞化」『沖縄戦研究Ⅱ』沖縄県教育委員会, 1999年

沖縄県編『苦難の現代史』岩波書店, 1996年

稲葉正夫ほか編『現代史資料11　続満州事変』みすず書房, 1965年

防衛庁防衛研修所戦史室編『戦史叢書　関東軍 1 』朝雲出版社, 1969年

防衛庁防衛研修所戦史室編『戦史叢書　陸軍航空の軍備と運用⑴⑵⑶』朝雲出版社, 1971・74・76年

防衛庁編『自衛隊十年史』1961年

帝国競馬協会編『日本馬政史 4 』原書房, 1982年(覆刻版)

『軍馬のころ——軍馬補充部三本木支部創立100周年記念誌』1982年

陸軍省編『陸軍省沿革史』1929年

自治体史

旭川市『新旭川市史』第 7 巻史料 2 ・第 2 巻通史 2 ・第 3 巻通史 3 , 1996・2002・06年

旭川市『旭川市史稿　上巻』1931年

旭川市『旭川市史』第 2 巻, 1959年

旭川市『開基100年記念誌　目で見る旭川の歩み』1990年

鷹栖村『鷹栖村史』1914・63年

日本史リブレット95
軍用地《ぐんようち》と都市《とし》・民衆《みんしゅう》

2007年10月31日　1版1刷　発行
2021年6月30日　1版4刷　発行

著者：荒川章二《あらかわしょうじ》

発行者：野澤武史

発行所：株式会社 山川出版社

〒101－0047　東京都千代田区内神田1－13－13
電話　03(3293)8131(営業)
　　　03(3293)8135(編集)
https://www.yamakawa.co.jp/
振替　00120-9-43993

印刷所：明和印刷株式会社

製本所：株式会社 ブロケード

装幀：菊地信義

Printed in Japan ISBN 978-4-634-54707-0

日本史リブレット 第Ⅰ期［68巻］・第Ⅱ期［33巻］ 全101巻

1 旧石器時代の社会と文化
2 縄文の豊かさと限界
3 弥生の村
4 古墳とその時代
5 大王と地方豪族
6 藤原京の形成
7 古代都市平城京の世界
8 古代の地方官衙と社会
9 漢字文化の成り立ちと展開
10 平安京の暮らしと行政
11 蝦夷の地と古代国家
12 受領と地方社会
13 出雲国風土記と古代遺跡
14 東アジア世界と古代の日本
15 地下から出土した文字
16 古代・中世の女性と仏教
17 古代寺院の成立と展開
18 都市平泉の遺産
19 中世に国家はあったか
20 中世の家と性
21 武家の古都、鎌倉
22 中世の天皇観
23 環境歴史学とはなにか
24 武士と荘園支配
25 中世のみちと都市
26 戦国時代、村と町のかたち
27 破産者たちの中世
28 境界をまたぐ人びと
29 石造物が語る中世職能集団
30 中世の日記の世界
31 板碑と石塔の祈り
32 中世の神と仏
33 中世社会と現代
34 秀吉の朝鮮侵略
35 町屋と町並み
36 江戸幕府と朝廷
37 キリシタン禁制と民衆の宗教
38 慶安の触書は出されたか
39 近世村人のライフサイクル
40 都市大坂と非人
41 対馬からみた日朝関係
42 琉球の王権とグスク
43 琉球と日本・中国
44 描かれた近世都市
45 武家奉公人と労働社会
46 天文方と陰陽道
47 海の道、川の道
48 近世の三大改革
49 八州廻りと博徒
50 アイヌ民族の軌跡
51 錦絵を読む
52 草山の語る近世
53 21世紀の「江戸」
54 近代歌謡の軌跡
55 日本近代漫画の誕生
56 海を渡った日本人
57 近代日本とアイヌ社会
58 スポーツと政治
59 近代化の旗手、鉄道
60 情報化と国家・企業
61 民衆宗教と国家神道
62 日本社会保険の成立
63 歴史としての環境問題
64 近代日本の海外学術調査
65 戦争と知識人
66 現代日本と沖縄
67 新安保体制下の日米関係
68 戦後補償から考える日本とアジア
69 遺跡からみた古代の駅家
70 古代の日本と加耶
71 飛鳥の宮と寺
72 古代東国の石碑
73 律令制とはなにか
74 正倉院宝物の世界
75 日宋貿易と「硫黄の道」
76 荘園絵図が語る古代・中世
77 対馬と海峡の中世史
78 中世の書物と学問
79 史料としての猫絵
80 寺社と芸能の中世
81 一揆の世界と法
82 戦国時代の天皇
83 日本史のなかの戦国時代
84 兵と農の分離
85 江戸時代のお触れ
86 江戸時代の神社
87 大名屋敷と江戸遺跡
88 近世商人と市場
89 近世鉱山をささえた人びと
90 「資源繁殖の時代」と日本の漁業
91 江戸の浄瑠璃文化
92 江戸時代の老いと看取り
93 近世の淀川治水
94 日本民俗学の開拓者たち
95 軍用地と都市・民衆
96 感染症の近代史
97 陵墓と文化財の近代
98 徳富蘇峰と大日本言論報国会
99 労働力動員と強制連行
100 科学技術政策
101 占領・復興期の日米関係